可持续景观规划

重新连接的景观

SUSTAINABLE LANDSCAPE PLANNING

The Reconnection Agenda

[英] 保罗·塞尔曼（Paul Selman） 著

邵钰涵　薛贞颖　译

同济大学出版社 · 上海

Sustainable Landscape Planning: The Reconnection Agenda, 1st Edition / By Paul Selman / ISBN: 9781849712637

总　序

健康幸福的生活是人类永恒的追求和所有规划设计的终极目标。"山清水秀、地灵人杰"的古训，中国五千年人居环境的优秀传统，在尚未得到当今现代科学技术的理解证明之前，就已被城市化大潮中的人们所遗忘。与健康幸福紧密关联的人居环境，在大相径庭的价值取向上呈现出千差万别。在着手设计之前，价值目标需要选准，这决定着我们规划设计的生死兴衰。

人类生存环境与人类社会发展、场所环境及美丽人生究竟有多大的关联，迄今为止仍属不为人知的未解之谜，为此，在现代发展起来的人居环境科学正在深入各个领域。以数十、上百年的时间和数十公顷至数百平方千米的规模，展开 1:1 科学实验，虽力不从心，但也时不我待。从原野、乡村、城市人居环境的规划决策到场所、社区、空间的设计营造，需求无时无处不在，解决问题刻不容缓。面对众多未解之谜和问题，需要"摸着石头过河"的方法和坚定不移探索的勇气。

"景观理论译丛"书系基于可持续的景观规划、循证的且不断调整的城市设计等，带领读者开展了一系列规划设计的新探索。美好的场所并不会凭空出现，它们是被人类创造出来的，这就是规划设计师职业生命的意义。对此，阳光的心态、理性的思考、智慧的寻求，对于规划设计师来说尤为重要，本书系的作者们为我们做出了先行一步的榜样，为人居环境科学的体系建设增添了构建基石。

感谢"景观理论译丛"的译者们，他们以敏锐的感知引介了当下的学术前沿。一批犹如早上八九点钟太阳的年轻学者，照亮了充满挑战的学术未来，我为他们在学术上的探索追求和不懈努力而信心倍增。热烈祝贺他们出色地完成了这一系列丛书的翻译！初步实现了将深厚的人居环境科学与景观感应理论付诸社会应用实践的转译和科学思想的普及传播。

2022 年 7 月于上海

前　言

“景观重新连接”（landscape reconnection）议题需要批判性地看待，本书着眼于景观断连（disconnection）问题，探讨在整体景观（whole landscapes）中重新连接自然与人的相关话题。广义来说，科学、人文和景观专业领域在景观舞台（landscape as an arena）上能够产生共鸣，景观中的社会学习也能让人们了解重要的社会、环境问题。在传统意义上，风景（scenery）是恒久不变的，而本书认为，景观（landscape）是动态的——即便是最珍贵的文化景观也会日渐变化，而这些“变化驱动力”甚至可能促使人与地方（place）形成新的连接。同时也发现，人们对于在更全面的景观范畴里提升景观恢复力（resilience）以及生态系统服务（ecosystem services）品质的兴趣正日益浓厚（如为水和野生动物创造新“空间”）。

保罗·塞尔曼（Paul Selman）是英国谢菲尔德大学（University of Sheffield）景观系的名誉教授，曾任系主任。他在景观、环境管理和可持续发展领域拥有大量著作，也为一系列政府机构和研究理事会的研究工作贡献了力量。

目　录

图　片

表　格

专　　栏

第 1 章
景观的连接与断连

引　言

大多数人都觉得自己非常了解“景观”，那些美景、画作、设计过的花园、城市公园或本土的绿色空间往往是人们提到“景观”时所能想到的东西。而事实上，即便是景观领域的专家，也很难洞悉它的全部内涵。“景观”这一术语涉及许多领域——景观设计师、景观生态学家、文化地理学家、自然地理学家、艺术史学家、空间规划师、考古学家、社会心理学家等各行专家对“景观”一词的使用方式大相径庭，不同领域的理论和方法也存在盲点。除了在专家之间存在争议外，“景观”在不同语言之间的翻译也是难点。

“景观”一词的起源引起了广泛讨论，学者们一致认为，德语中的“Landschäft”和荷兰语中的“landschap”（古称“landskab”）是代表“景观”最具影响力的术语。德语“Landschäft”强调地理层面的“界定区域”（bounded area），而荷兰语“landschap”则更强调视觉或艺术层面的“感知区域”（perceived area）。怀利（Wylie, 2007）在这些看似简单的区别中探索了“景观”的不同含义，这是很有意义的，因为这些细微的差别以及它们在不同的语言环境中的含义可能暗示着权属、地域认同以及物理形态的不同。怀利指出，字典通常将“景观”定义为“大地或风景中一眼即可见的部分”，然而，这一概念与学术领域和专业实践是矛盾的，如景观生态过程的研究范围常绵延数里，景观特征的描绘常涵盖数个地区，而对“地方”（place）的研究则往往涉及对其不可见的品质的解构。

从广义上讲，不同的景观概念构成了一个概念谱系，一边偏向视觉和绘画，另一边则更具栖息地意味；前者致力于获得欣赏，通过框景来选择性地突出景观特征；后者则致力于通过人、土地和历史的结合，在一定的范围内创造归属感。二者也有许多重叠——一幅风景画最具吸引力的部分往往是它所描绘的人、风俗或工作，而那些因其独特的文化和历史而闻名的景观通常也可通过其风景来辨认。

很多语言中都缺少能够准确翻译“景观”一词的术语。这个情况甚至在欧洲范围内也存在——就拿德国北部的景观“Landschäft”（或 landscape, landschap 等）和罗马南部的景观“paysage”（或 paesaggio, paisaje 等）来说，其含义就存在巨大的差别。而在过去一个世纪左右的时间里，不同学科对景观的理解使之变得更加复杂。地貌学家认为，景观是地表的物理本质且在地表形成；生态学家认为，景观超出了生物栖居范围，涵盖水陆区域并覆盖物种生命周期的全过程（包括出生、迁徙和死亡）；考古学家认为，景观不局限于单个地点或纪念碑，它还包含时间深度；可持续发展研究者认为，景观是综合了自然生态系统服务和人类生态系统服务的多功能空间；恢复力研究者将景观视为具有包容性但也易遭破坏的社会 - 生态系统（social - ecological system）；行为学家认为，景观作为人类生活空间，在满足生存和娱乐需求的同时还影响着人类的行为、情绪和幸福感。对于创意行业而言，在大多数社会文明中，设计师们通过物理材料和植物来营造诸如花园、公园、私人土地（demesnes）、广场等私人或公共空间，将土地转化为景观。

本书关注的“文化景观”也是一个容易引起争议的术语。《欧洲景观公约》（*European Landscape Convention*, *Council of Europe*, 2000）将景观定义为自然和（或）人为因素作用或相互作用的结果，是人可以感知到的区域。尽管这一定义仍会受到学者们毫不留情的剖析，但它现已被景观从业者们广泛接受。从实用层面来说，这个定义的确有效，最突出的点是它结合了“文化”与“自然”，使人的能动性成为推动景观形成其外观功能的重要驱动力（图 1.1）。

人们在日常用语中很少区分景观（landscape）和风景（scenery），甚至在政策用语和技术用语上也常将它们混为一谈，但二者有所不同。风景的本质是视

图 1.1　英国峰区国家公园（the Peak District National Park）：由自然和人类活动相互作用而成的典型荒野景观

觉，它可以用“连绵的乡村风光”这种简单的方式来供人欣赏，技术手段能够呈现其特征，甚至量化其相对重要性。在实践中，风景的视觉本质主导了空间规划政策和环境管理政策，例如令人愉悦的或戏剧性的风景，通常与“明信片般”的村庄结合在一起，而风景更复杂的方面很少被提及，影响也较小。段义孚（Yi-Fu Tuan, 1977）表示，风景在某种程度上是需要借助想象获得的虚构之物，与戏剧舞台上的表演相差无几。近来，景观的商业化成为研究者们关注的重点，对景观的利用和修饰成为促进旅游业发展以及特色食品推广等商业目的手段。

尽管视觉位列感官之首，帮助人类形成日常最直观的感知，但景观远不止于视觉，即便它只是一幅画或一个公共领域的设计。除了可感知的部分，景观还涉及丰富的故事、养分循环、碳通量（carbon fluxes）、习惯法[①]（customary laws）、经济活动以及其他诸多奥秘。许多景观面临危机，许多景观也富有潜力支持生命、生计、科研和公共政策，而对于二者的理解不应被狭窄的视觉概念所局限，必须“超越视野”（Countryside Agency, 2006）。表 1.1 和图 1.2 总结了景观的多面性，包括一系列相关实践、过程和关联项。

表 1.1 可见和不可见的文化景观

	实践	过程	关系
体验	● 健康、幸福的体验； ● 创造地方意义和地方认同； ● 抬升（Hefting）及横穿（traversing）	● 文化本土化； ● 文化全球化； ● 地方营造	● 意义、记忆、故事和象征； ● 美学品质和精神品质 ● 归属感； ● 内在体验（in-dwelling）
历史	● 旧时活动与结构的遗存	● 衰落与更新	● 宗谱联系（genealogical links）； ● 法律和习俗
土地利用	● 建造； ● 农业、林业和其他土地管理； ● 能源生产和传输； ● 通信网络	● 人类对空气、水和土壤动态过程的影响	● 正式的土地所有权和土地权利； ● 对于合理使用、获得各类土地的文化期待
自然形态	● 地面排水及改道； ● 修复和再生	● 地貌演变； ● 土壤发育和退化； ● 海岸作用过程	● 圣地； ● 丘陵、海岸线等的精神性
野生动物	● 野生动物管理； ● 其他用地对生物多样性的影响； ● 引种和再野化（re-wilding）	● 野生物种的生命周期过程	● 自然观； ● 杂草和害虫物种的文化观念

（基于 Countryside Agency, 2006; Stephenson, 2007）

① 习惯法是基于法社会学或法人类学的法律多元主义的立场上提出和解释的，是一套地方性规范，是在乡民长期的生活与劳作过程中逐渐形成；它被用来分配乡民之间的权利、义务，调整和解决了他们之间的利益冲突，并且主要在一套关系网络中实施。

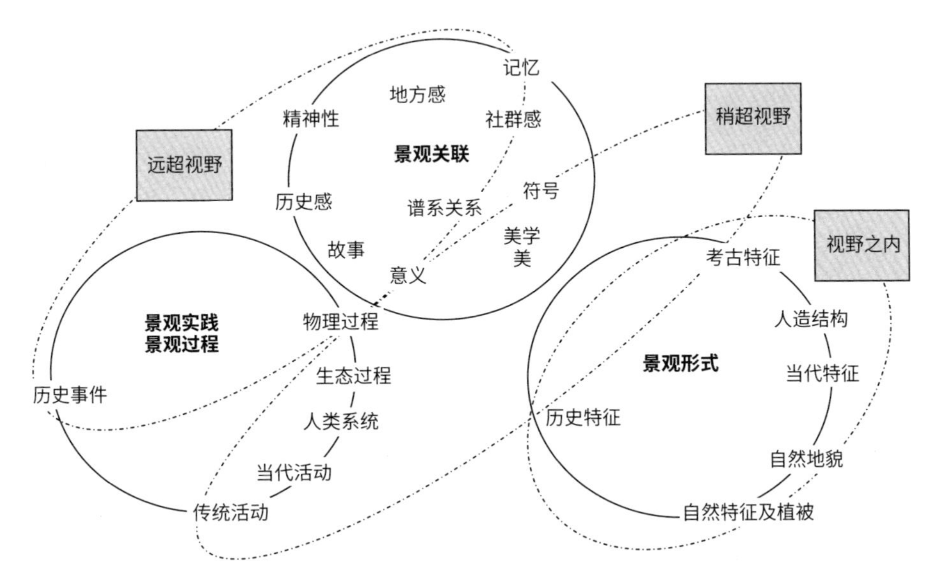

图 1.2　文化景观：可见和不可见的形式、实践、过程和关联
（基于 Countryside Agency, 2006; Stephenson, 2007）

景观断连

本书探讨了当前[①]文化景观面临的核心挑战。景观不仅仅是风景，而是一个由自然和社会子系统组成的复杂系统，这些子系统之间的动态关系使其整体大于部分之和。然而，景观“断连”现象较为严重的地方在于景观的视觉连贯性（visual coherence）和不可见的景观过程（unseen processes）两方面，这对景观的特征、可持续性和恢复力都造成了损害。因此，政策、规划和科学领域达成共识，要通过一系列物理和社会性方法来实现景观的重新连接，例如，增加植被网络可以让一块生态栖息地基质实现物理层面的重新连接；人地关系的恢复可以实现社会层面的重新连接。

文化景观已经变得支离破碎、同质且匮乏，这是一个广泛认同的观点（Jongman, 2002）。基于此，常有人提出：被破坏的物理景观系统以及被侵蚀的

① 译者注：英文原版书著于 2011 年前后，书中与“当前”“目前”“现在”类似的表述均指代该时段。

人地纽带（bounds between people and place），可能是许多环境问题和社会问题的根源。遗憾的是，这些观点提得过于武断，背后支撑它的是本质主义者的论点（认为重新连接人与地球、人与地方精神是人类的真实需求）。本书旨在为这些观点提供更具实证性的案例，涉及了大量关于“景观断连”的学科以及景观重新连接的理论和实践。

根据现有的观点，“断连”的几种关键类型如下：

- 人与地方断连；
- 人与自然断连；
- 古今断连，侵蚀了景观的记忆和意义；
- 生态栖息地连接度破坏；
- 地下水与地表水之间及其各自内部的断连；
- 经济活动与其所在的地方环境分离；
- 低碳交通网络缺乏有效的连接度；
- 城乡断连。

产生这些“断连”的原因是多方面的，例如，景观特征弱化、土地和自然的过度开发、城市洪水、生物多样性减少、反社会行为、个体能动性减弱、依赖不可持续能源的运输方式以及健康状况、身体素质和幸福感的日益恶化。的确，世界各地的环境问题都能归因于人与自然的严重断连：有观点认为，还原主义[①]（reductionism）影响着我们的行为习惯，引导着我们开发那些有利可图的环境，并且这种开发行为被看作是中性的（不好也不坏）。

因此，有人提倡通过各种“重新连接”的方法来营造地方感（sense of place），构建可持续排水系统和生态网络，发展嵌入式经济，同时创造更健康

① 译者注：与还原主义观点相左的是整体主义（Holism），整体主义认为：人是“自然”不可分割的部分，且人在其中并非处于支配地位。

的生活和具有适应性的社区。但是，这些方法的合理性正经受挑战，因为有关“景观断连”的论证以及“重新连接”的可行性依据往往微不足道且难以令人信服。其中有一个想法是通过一些方式使本地社区认同所处环境的景观独特性，但这种想法也许只能是个美好的愿望。的确，也有一些批评家反对追求地方主义，其最主要的原因是“地方性社区”（communities of place）可能会成为短浅目光的堡垒。

景观重新连接议题需要批判性地看待，本书着眼于景观断连问题，探讨在整体景观中重新连接自然与人的相关话题。广义来说，科学、人文和景观专业领域在景观舞台上能够产生共鸣，景观中的社会学习也能让人们了解重要的社会、环境问题。在传统意义上，风景是恒久不变的，而本书认为，景观是动态的——即便是最珍贵的文化景观也会日渐变化，而这些“变化驱动力”甚至可能促使人与地方形成新的连接。本书发现人们对于为野生动植物和水创造新“空间”的兴趣日益浓厚，因为系统过程（system processes）需要足够的活动空间来建立一个动态平衡点，否则重新连接将无法实现。当前，许多国家的政府意识到了连接和多功能性（multifunctionality）的需求，并开始通过政策来应对该问题——专栏 1.1 总结了英国在这一方面的重要表现。

专栏 1.1　《英国政界人士多功能景观指南》
（*Guidance to UK politicians on multifunctional landscape*, Parliamentary Office of Science and Technology, 2011）

一项给英国政界人士的咨询建议指出，传统的土地利用方式目的单一、功能单一，而这往往会带来不良后果。例如：

- 对化肥和化石燃料的长期依赖、土壤退化以及温室气体排放等问题会导致许多食物生产系统无法长期运转，需通过再设计来应对；
- 野生动植物保护区对生态系统服务的贡献很大，却面临着高度破碎化、（大部分区域）范围小、保护和管理不足等问题；
- 为防止城市蔓延而设的绿化带可能会加快城市“跳跃式”发展，导致通勤时间变长、城市足迹扩大。

该建议表明，要促进多功能景观的发展（一块区域可以提供多种生态系统服务），同时也确定了国家规划政策导则，作为用地协调以及保障跨区界连续性的基础。

在本书中，“自然”“文化”“社会”和“生态”等词将大量出现，这些都是极富争议的术语，涉及多个学科。这些简洁的词汇经常被用以表达复杂的概念——被当作万能的隐喻而非确切的概念。在本书中，“自然”仅用于指代景观中非人类的部分，并不一定建立在“自然中的社会建构”（the social construction of ‘nature’）和“非人类物种商品化”（the commodification of non-human species）的相关学术体系之上。“文化”被广泛用于指代人们的所作所想，以及人们在景观中留下的物质痕迹和无形的烙印。“社会”可能包括所有人类过程（human processes），尤其是在社会－生态系统中，例如社会组织、经济生产和贸易、建成环境、健康和行为。同样，“生态”不仅包括生物多样性，有时还包括所有保障生命的物理环境系统。

以下各节介绍一些景观中人的连接与物理连接的关键概念，是后续章节中出现的基本术语及概念的汇总。

景观与人连接的基本术语

亲生物性、恢复性和审美

人类无疑需要“自然”来满足食物和水等基本需求，但这些可见的需求似乎较少。威尔逊（Wilson, 1984）提出了“亲生物性”（biophilia）假说，认为自然不仅具有满足人类生理需求这一基本作用——由于人与自然之间存在固有的遗传联系（hereditary attachment），人不仅需要自然来满足基本的生理需求，还需要它来获得审美、智力、认知和精神上的意义和满足。若果真如此，人类就会有一种渴望接触自然的本能，而这种本能会不断演进并遗传下去。此外，亲生物性似乎也在保障遗传适合度（genetic fitness）、提升竞争优势、帮助个体形成身份认同以及获得成就等方面起着很大作用（Newton, 2007）。皮格兰（Pigram, 1993）则表示，人类的基因密码倾向于让人对自然环境产生积极反应。

进化生物学的观点认为，一些对于人类生存以及获得舒适感非常重要的环境品质如今已消失不见了，而人与这些必要品质的分离可能会导致内在“环境偏好”与“环境实际情况”之间产生不可调和的矛盾（Grinde, 2009）。如此一来，通过演化而适应的环境（environment of evolutionary adaptedness, EEA）对人脑的进化产生了重要影响（Grinde and Grindal Patil, 2009）。有时，我们实际的生活方式与基因所设计的生活方式相矛盾，这种差异被称为错配（mismatches）。一些错配是有益的，例如，如今人们睡在床上而不是地上；但也有一些错配可能有害，例如可能引发疾病或降低生活品质。后者被称为不和谐性（discords），具有负面影响，会对那些敏感的人构成压力（Grinde and Grindal Patil, 2009）。由于不和谐性可能会降低幸福感，对此，一些心理学家建议增加那些缺失品质的“剂量”，将此作为一种补偿手段。不和谐性可能会影响人类的所有器官和身体机能，同时，大脑对于环境刺激的反馈需要一定时间，它在应对此类影响时就显得特别脆弱。植物似乎能够让人愉悦，而“绿植缺失感”（the absence of greenery is sensed）可能会在人的潜意识里形成压力，这被认为是西方社会精神障碍高发的一个重要原因。凯勒（Kellert, 1993）将人与自然环境联系起来，很好地提出了一种基于不同生物学基础（the different biological bases）的分类（专栏 1.2）。

专栏 1.2　人看待自然的各种方式（摘自 Kellert, 1993）

- 功利主义：为满足人类的各种需求（如食物）而对自然进行实质的、物质性的开发；
- 自然主义：从与自然的直接接触中获得满足感，并与身心发展有关（例如获得户外技能）；
- 科学：对自然进行系统研究，以获得知识、提升观察力；
- 审美：自然的物理吸引力，及其对灵感、内心的平和以及安全感的影响；
- 象征性：在语言、隐喻和交流中利用自然；
- 人文主义：对自然深深的爱和情感依赖；
- 道德主义：对自然敬畏或关注伦理，有时与行为和秩序有关；
- 统治主义：在物理层面控制、支配自然，发展人们调节和“驯服”周围环境的能力；
- 消极主义：对自然怀有恐惧，包括抵御自然力量的能力

多数“大自然心理益处”的相关研究都属于环境心理学范畴，且通常关注（人）与自然环境的接触所带来的影响。在影响效果研究方面，“恢复性”（restoration）备受关注，它指的是心理容量（psychophysiological capacity）、社交能力和身体机能的恢复过程。卡普兰夫妇（Kaplan R and Kaplan S, 1989）的注意力恢复理论（attention restoration theory）和乌尔里希（Ulrich, 1983）的心理压力缓解理论（psychophysiological stress reduction framework）提供了两种类似的方法来解释心

理层面的恢复效益。在日常生活中，我们在繁重工作上的注意力消耗以及纷纷扰扰的环境引发了精神疲劳。相比之下，若环境中存在更多让人不费吹灰之力就能注意到的事物，我们的精力或许更容易恢复。有人认为，由自然元素主导的环境具有恢复作用，同时一些心理学家认为，通过身体或者视觉接触自然，可以促进人们高层次的认知能力，从而提高观察和推理能力。

对于“恢复性环境”（restorative environment）能够恢复精力、提升效率这一观点，卡普兰夫妇(Kaplan R and Kaplan S, 1989)给出了一个极具影响力的解释。他们认为，自然环境中存在的四方面因素对恢复性体验产生了重要影响，包括。

- 远离性（being away）：指的是恢复性环境能够给人们带来距离感和逃离感，以摆脱日常生活中尤为常见的焦虑、义务、追求、目标和想法；
- 延展性（extent）：涉及环境的（感知）范围和连接情况，含广义的时空概念，充分连接的环境能让人们在脑海中构建出更为整体的形象；
- 迷人性（fascination）：源于定向（主动）注意（directed/voluntary attention）和无意识注意（involuntary attention）的区别，认为自然能引发人的“无意识注意”行为，而该过程中，人们或已耗尽的定向注意力就得以恢复；
- 兼容性（compatibility）：指的是环境、个人爱好和环境所能承载的活动之间的契合度。

更微妙的是，自然对注意力或疲劳的影响可能与我们的潜意识暗示有关。因此，即便是我们在意识层面不承认一些事物（及其规律）的存在，事物的视觉存在可能就足以产生影响。植物的视觉存在可能对幸福感和健康有积极的影响，同时，因植物的缺失形成的“不自然的环境”也许就暗示着“这里不安全”。在非视觉方面，植物可以通过散发气味、改变声环境等来发挥作用（Gidlöf-Gunnarsson and Öhrström, 2007）。

米勒(Miller, 2005)在写到“体验的消亡”(the ‘extinction of experience’)(Pyle, 1978)时认为，大多数人的感官体验已经严重缺失——世界上约有一半的人生活在城市区域，他们与自然的连接越来越弱，而体验的消亡与此有很大的关系。他列举了许多理由，以此论证人们生活工作场所的设计应当能够让人有机会与自然进行有意义的互动。这不但有助于提升幸福感，还能促使我们去寻求更加绿色的环境，并让景观的创作和保护受到普遍的重视。米勒指出，土地开发已经导致了生物同质化效应，影响了生物多样性，大大减少了原生栖息地（native habitat），并形成了适应城市化地区、由相对较少物种主导的栖息地。另外，虽然人们确实设法在城市中保留一些本地物种，但这些物种往往远离大多数人的聚居点。大多数人由于生物同质化而在日常中饱受“生物贫困”（biological impoverishment）之苦。这种情况会因“环境代际失忆症（environmental generational amnesia）的基线变化”而日益恶化——人们在童年时期所经历的环境是长大后评价环境的基线，而持续的城市化进程使得人们不断降低对于家和工作场所附近的自然环境的期望。此外，人们的生活节奏正在加快，无论是成年人的超负荷生活还是儿童的“虚拟”游戏环境，都越来越偏离自然界的节奏。总而言之，“体验的消亡”表现为，本地动植物群落同质化和数量消减引发了“生物贫困”的恶性循环，继而导致人类世界中的情感分离、不满和冷漠。反过来，由于人们并不在意或不要求生活街区具备丰富的生态资源，最终导致他们生活在一个生态愈发贫瘠、自然隔绝更深的环境中。

城市环境为重新连接提供了重要机会。尽管那些稀有的或令人激动的物种在城市中并不多见，但城市确实也发生着大量生态过程，如果对其美学价值和保护价值给予适当的关注，则有可能吸引大众。此外，一旦人们在自然环境中建立了人际关系，那他们更可能有动力去保护自然。因此，“调和生态学家”（reconciliation ecologists）（Rosenzweig, 2003）认为，如果设计师、生态学家与那些实际生活、工作在这些地方的人能够构建良好的伙伴关系，将有助于改造那些城市栖息地，从而在满足人类需求的同时服务自然。卡恩（Kahn, 1999）认为，人们疏远自然或与其分离的原因可以追溯到童年时期，因此他提议，要让孩子们更积极地参与到城市绿色空间的设计中，来建立他们与自然的连接。有人认为，如果为孩子们提供适当的场所，这种参与将会自然而然地发生。精心设计的公园和传统的操场往往不足以达到这一目的，而孩子们在那些靠近住所、未开发的、没人管的土地上更可能展现其自我教育的潜力。有证据表明，童年在野外环境中玩耍过的人们，在后来的生活中会对这类环境怀有更多的亲近感和更多的欣赏。

鲍尔等人（Bauer et al., 2009）研究了当代的亲生物体验，范登堡等人（van den Born et al., 2001）则提到了一种“新亲生物性”，他们发现人们通常认为自然有其自身的价值，较少有人认为人类优于自然。具体来说，鲍尔等人研究了人们对于再野化以及将农用地恢复到半自然生境（semi-natural habitat）的态度。在一些地方，再野化是政策有意为之，但在该研究所在的瑞士高地地区则是地方放弃山地农业的意外结果。这些变化对景观的影响可总结如下：

- 许多动植物物种减少或灭绝，而这与文化多样性的消亡有关；
- 景观格局从精细转向粗糙；
- 开放空间或减少，或消失，或转为茂密的灌木丛，进而对文化景观的美学价值产生负面影响；
- 森林斑块合并，导致森林火灾风险增大；
- 坡地的地貌过程发生改变，导致水土流失的风险增大。

鲍尔等人的研究发现了四种不同的亲生物表现形式，即自然密切使用者（nature-connected users）、自然同情者（nature sympathizers）、自然控制者（nature controllers）和自然爱好者（nature lovers）。自然密切使用者对自然持实用主义的态度，然而，他们又认为自己是自然的一部分，在情感上也亲近自然。他们希望自然被保护，同时也喜欢修剪整齐的花园。自然同情者在情感上与自然相对疏远，但又呈现出强烈的亲生物表现。他们认为自然中的多样性很重要，但自然不必取悦人类，控制自然不一定是避免自然灾害最好的办法。自然控制者以保护主义者的姿态看待自然保护，他们并不觉得自己与自然特别亲近，但他们希望自己能够影响自然，使其保持良好的状态，整洁有序。自然爱好者非常重视自然的多样性及其质朴的特征，认为自己是自然的一部分，也觉得人类应减少对自然的影响，允许其更自由地发展。在年龄、出身（城市或乡村）、住地（城市或乡村）以及是否为环境组织成员这几方面，不同人的亲生物的表现形式有很大差异。例如，自然密切使用者往往较年长，而自然同情者则较年轻；自然密切使用者往往在农村；自然同情者和自然爱好者更有可能是环保组织的成员。广泛的研究证实了一个观点——儿童时期形成的自然观往往会延续到成年之后，甚至会加强（van den Born et al., 2001）。

一项以政策导向的研究（Natural England, 2009a）定义了不同人对于融于景观或参与景观（integration or engagement with the landscape）的不同态度（表 1.2）。一些交易型（transactional）使用者将景观看作锻炼和娱乐的场所，也有一些人视景观为生活的一部分，而他们之所以会对景观抱有这些态度，是因为他们在景观环境中工作或对景观有着根深蒂固的专业兴趣。研究还发现，人口因素（年龄、身体机能和性别）、情境（如参观群体的构成）、对景观的了解程度以及个人偏好（如对结构化 / 非结构化活动的认识）会导致人们在景观体验方式上的差异。

大量景观相关的文献都在强调“美”，强调景观通过视觉带给人心灵的愉悦。景观美学一直使用复杂性、色彩选择、透视、平衡这些概念，从而形成了一种“视觉美学”，而正是这种美学理论产生了“景观使观者愉悦”这类论说。视觉美学一直是景观政策的重点，一些土地因其优美的风景而具有重要意义，却因无情的环境变化而受到影响，对此，土地保护措施的目的在于尽可能降低其变化速度，同时减小其影响程度。当前的政策可归结为两方面：其一，进一步突出本就强烈的视觉特征；其二，降低因土地高度开发导致的视觉混乱。下文将对“视觉美学”概念与“生态美学”概念进行对比。一些景观能够引发传统“风景美”所具备的审美体验，另一些景观则不同，能够让人感受到关怀，产生依恋和认同等。因此，生态美学或许应该发展（或重新发展）起来，这种美学突破了景观“优美整洁”的局限，去探索它潜在的可持续性和恢复力。精心维护城市绿色空间、保护乡村美感这些景观措施应当有所转变以发展新的观念——非典型美景以及环境风险的衡量标准应当受到关注（Nassauer, 1997）。因此，景观重新连接需要“超越视野”，需要了解那些虽不可见却对社会－生态恢复力具有重要意义的动态过程——这或许也是一种基于新景观保育伦理（a new ethic of landscape care）的再教育。

表 1.2　人口因素对人与景观关系的影响

年龄	● 不同年龄和不同经历，让人们对景观的反应略有不同——年轻人更关注景观带给人的积极体验和娱乐服务，而年长者（或工作压力大的人）则更关注景观带来的审美 / 平静 / 安宁的益处以及相关记忆
物理功能	● 指的是对景观中的设施和服务的依赖，但这并不意味着放弃追求景观体验以及各样的景观特征
性别	● 女性比男性更容易受“安全”和“保障”的影响，因为相关事物会对她们的生活造成威胁； ● 影响到访的地点、时间和环境（特别是单独前往或与幼童一起）； ● 追求的景观品质略有不同； ● 女性更有可能与孩子们在一起，因此认为景观有可能成为游戏、寻求刺激等的场所
环境条件	● 有空闲时间和当下的生活环境
群体构成或社会背景	● 景观体验受社会环境的影响——是与家人、朋友、同事、陌生人一起体验（如孩子玩耍时主动结交朋友），还是独自体验，这些会影响到心情以及讨论的话题等
景观视角	● 有些景观适合近距离观看（如落叶林），有些则适合远距离观看（如针叶林）
意识因素	● 对地质、历史、野生动物栖息地等的了解有助于对地方感的培育和追忆
结构与功能偏好	● 喜欢有组织或更正式体验的人对景观有更具体的要求（例如攀岩的岩壁）； ● 喜欢非正式体验的人更有可能以更直观或随性的方式感知景观
专业性	● 人们是否对“户外”有特殊的兴趣或了解相关知识

(基于 Natural England, 2009a)

空间与地方

地理学家和规划师会经常将“空间”（space）和“地方”（place）区分开来。空间只涉及一个地点（location）或区域（area）当中的社会、物理属性，以及景观的实际距离或感知距离产生的作用。而地方的概念则更加深刻，那些使地方与众不同的属性往往源于本地居民的活动和经验。就拿奥尔维格（Olwig, 2008）提出的两种景观视角为例：第一种与双眼视觉（binocular vision，或立体视觉）、移动（movement）以及知识获取有关，这些知识是人们在土地、田野、牧场、围岩（country）和地面上做各种事情时，综合各类感官获得的感知（Ingold, 1993）；第二种在身体之外，与望向远方的一点透视视角（a monocular perspective）有关。由此，前者令人产生归属感，认为景观是“居住和活动”的地方，带有社区性。后者将景观看作一种舞台表演，构建了一种占有感。这些土地“凝视者们”形成一套权力等级体系，认为景观属于殖民者、业主、军事测绘员、规划师甚至是游客。奥尔维格进一步提出，前者具有“地方性”（platial），由农场、篱笆田和区域政体组成（Mels, 2005）——景观不仅是风景的呈现，更是人们在居住过程中身体和感官相互交织的结果。相比之下，后者呈现出“空间性”（spatial）——往往起于调查员的审视，而止于“此地是否能作为农业改良地”之类的判断。

政策制定者常表示人们会对地方产生依恋，因而认为可以通过保护和强化地方特征来提升人们对于地方的自豪感和归属感。由于“历史环境不但有潜力强化人们的社区意识，还为社区更新提供了坚实的基础”，因而，英国古迹署（English Heritage, 2000, p.23）提出并倡导“地方力量”（power of place）这一理念。规划师们经常强调地方塑造（place shaping）的重要性——人们积极参与定义地方独特性，同时也为“独特性”相关决策贡献力量。虽然“地方力量”或“地方塑造”等术语很少在官方文件中出现，但相关术语却被广泛使用，如社区凝聚力（community cohesion）、公民权（citizenship）、幸福感、包容性社区（inclusive communities）、社区赋权（community empowerment）、认同（identity）和能动性（agency）（Bradley et al., 2009）。

在城市设计方面，“场所精神”（genius loci）这一古老的术语近来被重新提起，它指的是有关地方物理特征及象征价值的地方感（Jiven and Larkham, 2003）。挪威建筑师克里斯蒂安·诺伯格－舒尔茨（Christian Norberg-Schulz, 1980）提出了场所精神四要素：地表地形、宇宙光环境和天空、建筑以及文化景观中的象征意义和存在意义。“地方特征是其各组成部分之和”这一概念已被许多与实践相关的学科使用——例如，城市设计领域关注地方原真性（authenticity）及其与新开发项目的关系；市场营销领域关注地方品牌或公共艺术项目对“地方塑造”的兴趣（Graham et al., 2009）。这当中一个重要的思想是，“地方塑造”培育了更清晰的“地方感”，能够让人更积极地参与到地方之中。

马西（Massey, 2005）对此做出了一个广为人知的批判——由于人们过去生活在紧密连接的社区中，因而这种“想象中的过往”令人向往。她发现，人们对那些与“想象中的过往”类似的地方充满了保护欲，并试图通过保护手段寻回纯净的“遗产”。然而，她对此做出了批判，认为该应对方式保守、感性且具有防御性。尽管马西质疑了许多有关地方和地区（locality）的非批判性假设，但她确实也得出结论：具有独特性的地域（locales）确实存在，且人们可能也会对此表现出情感依恋。然而，这些地方的社会构成以及人们对非本地文化的吸收，意味着地方特征和社会构成会不断发生变化。接下来关于地方的讨论或许会更强调景观的物理特征，但一定要记住马西的社会性批判——不要天真地预设地方居民会以某种方式体现其地方认同。

景观物理连接的基本术语

生态连接度

自20世纪初以来，生物保护的核心一直是生态系统概念，因此保护自然和半自然生境是其首要措施。在一些地方，人们对那些养育着令人着迷的动植物的生境特别感兴趣。虽然生物保护仍然很重要，但事实证明它不完全有效。保护区外部的用地变化趋势是生物多样性仍在持续下降的首要原因。

近来的生态管理方法旨在克服隔离效应（the effects of isolation）对保护区的影响。第一，科学家们已经解决了保护区及其他保护地的合理形态以及合理尺寸问题——若形态不合理，可能会因“边缘效应”（edge effects）产生的极大破坏而导致敏感的核心区受到干扰；若尺寸不合理，可能就无法满足重要物种的摄食和生命周期需求。第二，人们越来越重视保护地的“网络”连接，例如，通过设置候鸟中转站等措施来改善保护区的空间互补或通过线性廊道提高生境的物理连接度。线性廊道中的一些配置可能有助于种群移动以及基因库混合。第三，人们一直关注如何在更大范围的用地基质中为野生动物提供更好的生存条件，例如，减少农业景观的单一化培育（monocultural），提升生境的渗透性（permeable）和多孔性（porous）以便野生动物移动。第四，由于在受到诸如气候变化等严重干扰后，野生物种需要获得足够的空间和能力来恢复，因此“生境恢复力”和“野生物种恢复力”成为近期热门话题。

水文连接度

自 17 世纪以来，人们越来越频繁地使用新技术来“驯服洪水”，以便长期居住在农业、贸易潜力更大的低地地区。人们系统性地降低水位，矫直河道，同时开发地下水储备。随着城镇的扩张，为满足工业用电和防洪的需求，有了越来越多的河道工程。尽管人们往往表达出对河流价值的认可，享受着河流带来的福利，却常常将其边缘化，甚至遮盖它们，大量湿地也被抽干。有时，人们只有在洪水发生时才知道河流的存在，才提出需要治理河道以及涵养水源，这导致了河流与其自然洪泛区之间的“工程断连”（Wheater and Evans, 2009）。

凭借混凝土、沥青和钢铁等传统的“灰色基础设施”管理洪泛区，只在一定范围内有效。洪泛区原则上非常适合人类居住，能够提供平坦肥沃的土地、饮用水和工业用水以及良好的水陆交通条件。在人们占据洪泛区之初，传统的土木工程或许能够保障居民安全，同时促进地方繁荣。然而，一旦聚落过度发展，问题就会频繁出现。由于适宜的建设用地逐渐稀缺，建筑物不可避免地进入传统洪泛区；河流和地下水受到生活和工业废物的过度污染；不透水建材“封盖”了城市地表，使其硬化，从而导致非自然的快速径流；过度工程化的河道可能导致洪灾转移；地下水问题可能会导致建筑遭到地下破坏。此外，洪泛区自然功能的丧失，会降低其面对气候变化（如降雨频率及强度的增加）的适应力。

新的方法试图“解封”地表以应对这些问题，并恢复功能性洪泛区中土地、地表水和地下水之间的连接。这些方法被广泛地称为可持续排水系统（sustainable drainage systems, SuDS），有时也被称为可持续城市排水系统（sustainable urban drainage systems, SUDS）。虽然可持续排水系统不能解决所有的洪水问题，但相较于传统排水系统，具备更多益处（例如创造生境及减缓洪水）。这种方法可能还与公众高度参与的规划相结合，以促进社会学习和制度学习，让人们用新的方法生活，让组织用新的方法工作。但这种方法有时需要人们接受洪水风险的增加。

绿色基础设施

“绿色基础设施”（green infrastructure, GI）这一规划概念越来越受欢迎（Natural England, 2009c），其内容包括生态连接度、水文连接度以及广泛降低对灰色基础设施的依赖等。绿色基础设施一般（但不绝对）适用于城市，需要特别强调的一点是：城市本就存在自然资源基底，对其实施可持续管理并实现物理层面的重新连接，能够在多方面改善人们的生活条件。城市绿色空间与公共利益息息相关，绿色基础设施延续了长久以来“为人们提供公共开放空间”的理念，并承载着当前对于城市绿色空间供给和维护方式的思维转变。绿色基础设施有时被称为蓝绿基础设施（blue - green infrastructure），表明水循环与绿色空间同等重要；有时被称为自然基础设施，体现了空气和土壤的附加意义。绿色基础设施被视为等同于道路、下水道这些保障城市良好发展的灰色基础设施。然而，与灰色基础设施不同的是，绿色基础设施不能隐于地下，需要社区和土地所有者来积极使用并参与其维护过程。

主动交通

人们已经意识到主动交通方式（步行、慢跑、骑自行车、骑马等）对于个体和环境都有益，但由于蔓延发展和交通增长，那些能够安全、愉快使用的主动交通设施已严重消减，这种情况在主要城镇尤其严重。此外，公用通道（rights of way）网络被随意布置、通行路线被开发建设切断，这些都降低了在目的性出行中使用主动交通方式的频率（目的性出行，指的是以工作场所等为目的地的出行，而非单纯的休闲出行）。面对“主动交通”设施的短缺，广阔的乡村地区有时会通过建设长距离的步道、自行车道以及更宏大的“绿道”网络来解决问题。然而，在城市中，这种安全且连续的主动交通建设条件严重不足。

许多城市通过增加自行车道，成功在不同程度上为市民提供了主动交通机会。主动交通设施与多功能绿色基础设施网络相结合，能够提供更好的体验，因此，这可能会受到越来越多的关注。此外，若这些网络的多功能性（例如交通连接和环境服务功能同时得到满足）能被证实，那么对其进行投资与保护的合理性就更有据可循。

城乡之间

用地政策和用地规划往往呈现出明显的城乡断裂。城镇用地变更主要受制于空间规划机制，而大多数乡村用地变更则不受规划控制［尽管在一些国家涉及分区管控（subdivision control）范畴］。乡村用地管理往往受到农业和林业政策的强烈影响。英国的景观规划往往具有约束性，且主要关注重点风景区的保护。城市化和工业化区域的景观规划往往侧重于为人们提供城市绿色空间和公共领域（public realm）、管理城市树木储量以及更新废弃地。在河道方面，乡村河道往往用于供水和农田排水，而城市往往因防洪和滨水经济活动进行了大量的河道工程建设。在城乡之间，城市边缘的杂乱无章、边缘城市的无序扩张，使其既不能作为通往乡村的有效桥梁，也不能担当城镇门户。

当城市变得更加整洁、更注重信息和文化活动时，当乡村在经济活动和社会构成上越来越像城镇时，当二者通过互联网、受其他全球化趋势影响而在文化中有越来越多的共同之处时，城乡之间的区别也就变得模糊了。因此，我们不能再对“明信片式”的乡村保护抱有不切实际的设想，而或许应该接纳新的景观类型（例如与可持续能源生产相关的景观）；城市有望拥有大量绿色基础设施，并提供更多可达的景观来减少长距离出行需求，从而减少碳排放；城市边缘有望成为多功能空间，以提高空气流域（airsheds）、水文系统和生态网络在城乡之间的连续性。

小 结

景观连接研究需要依靠多学科的力量，需要基于艺术与哲学、社会与行为科学领域的依据以及自然科学、政策和设计专业领域的知识（图 1.3）。虽然学科之间往往因知识基础和研究方法的差异而难以有效沟通，但景观不能脱离整体性研究。因此，若想明白“景观断连”的本质以及“重新连接”的前景，多领域知识融合是必不可少的。

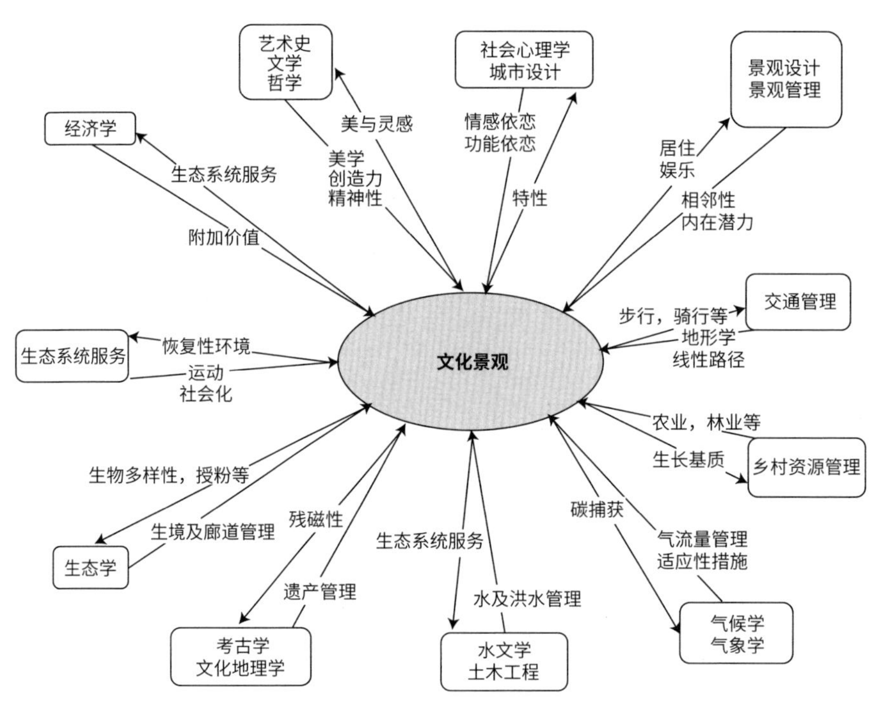

图 1.3　文化景观作为多领域知识的综合媒介

在深入探讨景观连接度这一复杂议题之前，本章末尾对全书的论点做了如下概述：

- 人类带来的压力使物理景观系统(如生态系统、河流和微气候)支离破碎；
- 人与地方的连接减弱，其原因可能是人们不在本地工作、沉浸于“虚拟”世界、被全球文化吸引并依赖远距离商品和服务；
- 旧时景观多功能性较强，而今功能趋于单一，已大不如前。这可能会降低景观的恢复力和视觉趣味；
- 许多自然科学家关注环境系统内部以及不同环境系统之间的连接是如何被破坏的；
- 一些社会学家关注人地连接中的文化、心理支撑是如何被破坏的；
- 人们似乎常常给景观赋予价值，而这些价值将景观与特定地方和特定自然属性连接起来；
- 一系列学科证据表明，某些景观的重新连接对环境、健康和文化有益；
- 景观的重新连接将需要在各类“景观尺度”上采取行动。同时，它与特定自然、社会系统的内在动态过程有关；
- 某些自然功能只有在其获得足够的空间时才能重新连接，而某些社会功能只有在其位于特定的地方时才能重新连接；
- 如果一些关键的连接得以恢复，景观功能将更加复合——个别功能将更持久，且通过功能之间的协同作用，整体功能将超过部分之和；
- 以这种方式重新连接的景观很可能被证明是更可持续且更具恢复力的；
- 若人与景观的连接紧密，则更可能做出明智的选择，从而创造更具恢复力的未来；
- 治理机制的制定者应认识到景观重新连接的价值和机遇。

文化景观的许多理想品质都是“涌现”出来的——也就是说，它们不能简单地通过工程或设计实现，而一定是自发地、意外地出现。复杂的自组织系统应具有恢复力和连接度，来为这些现象级品质(phenomena)提供偶然涌现的机会。后面的章节将探讨如何理解以及如何促进景观中的连接，以便各类丰富的品质不断自发涌现。

第 2 章
景观的功能、服务与价值

引　言

如第 1 章所述，看待景观必须“超越视野”，肉眼可见的景观只是材质、实践和记忆共同沉淀的外在形式，以及自然、社会系统的动态管理体制。这些系统让人类得以生存，为其提供幸福感，但有人担心，景观的日益断连会导致系统的可持续性和恢复力遭到破坏。许多学者指出，景观结构和景观系统蕴含着各种功能、服务和价值（de Groot et al., 2002; de Groot, 2006; Haines-Youngand Potschin, 2009; Willemen et al., 2010）。然而，这些术语的使用时常含糊不清、前后不一，本章通过更仔细地审视这些术语的内涵与意义来将其厘清。

虽然景观功能性和景观的重新连接并不完全同步，但在实践中，二者密切相关。对于那些位于洪泛区、生态网络和其他自然系统内的景观，以及自然和人类系统间的景观而言，可能其功能上的连接度越高，可持续性和恢复力就越强，也可能会提供更丰富多样的生态系统服务。此外，由于此类功能无法在碎片化的单独空间中起到有效作用，而需在景观尺度上实现（Selman, 2006），它有赖于那些能够建立新平衡的“空间”。因此，为了使景观功能和景观服务得到重视，能够持续推进并维持，有必要将物理与社会两个层面联系起来，来促进“地方”特性的涌现。

当我们仅客观地看待景观时，景观会被当成一种工具，其所具备的商品性和体验愉悦性是我们衡量其价值的两个标准。有人认为，人们会受到许多传统文化的影响而重视土地并对其产生敬畏，因此不会自私地开发土地。相比之下，工业化国家则往往会对资源进行“资产倒卖”（asset strip）。他们功利性地看待环境，从而对其产生一种狭隘的、局限于“市场价值”的解读，却忽视了其更普遍的价值。现代经济学越来越关注景观中普遍存在的非市场价值，并探讨应如何让“景观功能”和“景观服务”的重要性为人所知。千年生态系统评估（the Millennium Ecosystem Assessment, MEA, 2005）所寻求的方法是，围绕下述理念建立社会共识，即对于具有恢复力和可持续性的景观而言，不但它的存在很重要，它对人类的生存和繁荣也极为有益。回顾上章，若“体验的消亡”已经出现，那么无论是理性依恋（rational attachment）还是情感依恋（emotional attachment）都不可能存在了。

人类的种种开发行为，有时可能过度，有时可能产生非常间接的影响（如引发气候变化），这些是景观变化的驱动力。政府政策的有意干预、民间团体的各种活动，或许都试图要去改变这种变化的强度和趋势，这样看来，这些也是变化驱动力。所有景观本质上都是动态的，被变化的驱动力持续影响着，即便当中一些变化的速度缓慢得令人难以察觉，专栏 2.1 简要概括了这些外部力量。

本章阐述了一些动态景观（dynamic landscapes）的相关核心概念，这些概念对后续关于景观连接的探讨很重要，与景观的基本功能和服务供给有关，也与社会 – 生态系统中人与自然的构成有关。

专栏 2.1　景观变化的重要驱动力

间接驱动力（举例）：

- 人口变化；
- 经济增长；
- 社会政治变化（特别是在政策方面）；
- 文化与行为的转变；
- 科技的进步

直接驱动力（举例）：

- 生境变化（特别是由用地变化或海洋环境用途改变而使自然和半自然生境发生变化）；
- 富营养化以及空气污染、土壤污染和水污染；
- 陆地、海洋和淡水资源的过度开发；
- 气候的差异和变化；
- 外来入侵物种的引进

功能、服务与价值

景观功能的价值可以用级联模型（cascade model）的方式来体现（图 2.1）（Haines-Young and Potschin, 2009; Kienast et al., 2009）。景观包含自然资本和文化资本的储量和流通。这些资本是生存和生计的基础，以景观结构（如山地、林地、城市）、生态系统过程和功能（如净初级生产力）的形式呈现。储量和流通则通过提供商品和服务来造福社会。像木材、食物这些商品的产量，取决于景观在该服务上的供给能力以及社会需求。因此，景观功能是土地的固有能力（the intrinsic capacity），使其得以提供生态系统服务。商品和服务因其为社会提供益处而有了价值，并通过市场来反映（在这种情况下，交易可能或多或少地被有效监管），但它们的真正价值可能被严重低估。有时，这种真正的价值可能因为其不具商业意义而不被认同，所以，人们理所当然地认为它们应该提供服务，而这在不知不觉中损害了其真正价值。一旦它们的服务价值被低估，就容易出现过度开发的现象，其基本功能将因此受到破坏。

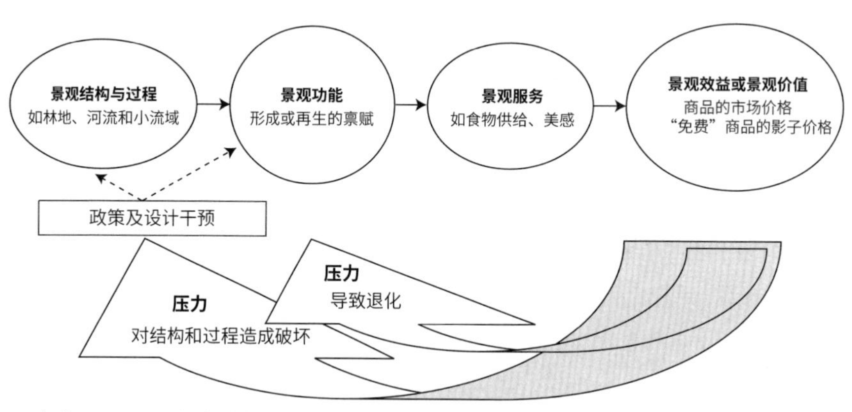

图 2.1 文化景观是一个由结构、功能、服务和价值构成的系统
（改编自 Haines-Young and Potschin, 2009）

景观的主要功能包含：调节功能、生境功能、生产功能（或供给功能）以及文化功能（有时分为信息功能和载体功能）。我们知道，生态系统服务与人类的生存和幸福感息息相关，但由于空间组织往往是功能的组成部分，用“景观服务”一词替代“生态系统服务”可能更好，因为景观具备空间组织的概念

（Termorshuizen and Opdam, 2009）。这个观点是很有意义的，因为正是通过景观这一媒介，各类服务才被整合在一起，并找到了空间表现形式，但由于“生态系统服务”一词已被大量使用，为了保持一致，本书将继续沿用这一词。对于生态系统服务，最具影响力的阐述是千年生态系统评估（MEA），有时简称为千年评估（the Millennium Assessment, MA），该评估的服务分类体系已经被广泛使用并成为公共政策的基础（图 2.2）。

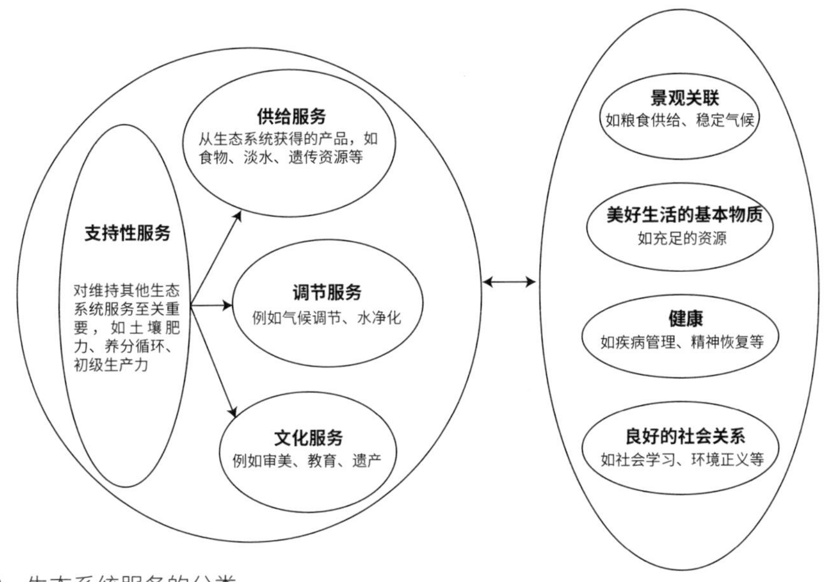

图 2.2 生态系统服务的分类
（基于 Millennium Ecosystem Assessment, 2005）

因此，功能是景观的根基，而景观服务和价值则是基于功能的人为衍生品。本书主要通过景观功能来探索景观的基本性质和动态过程；本书认为，景观的功能越强，就越可能提供有效、可持续的服务，其景观价值也越高。本书还提出，景观的一个基本的但往往是涌现的（不可预知和偶然的）品质是，其整体大于各部分之和。当景观功能丰富且相互作用时，各功能之间的协同作便创造了所谓的独特且多功能的景观（Selman, 2009）。一定要记住，景观的服务和价值虽然重要，但不一定能形成独特且多功能的景观——其更深层的景观功能和连接才是景观品质涌现的关键。

当下的经济压力使许多景观只能集中发挥其少数的主导功能，以获取特定的商品（如谷物）或服务（如娱乐）。虽然此类景观的功能并不单一，但它们的多功能性已经明显降低。在更为自然、多功能的景观中，丰富多样的调节功能、生境功能、生产功能、信息功能和载体功能会同时存在，并在一个动态系统中协同作用，相互促进。随着用地强度增大，有意和无意的物理和化学干预破坏了自然循环。为了提高所需商品和服务的生产力，许多景观的功能愈发单一。当然，这种集约化往往是必要的，威尔曼等人（Willemen et al., 2010）对乡村景观的研究证明，减弱景观功能的单一性，增加多功能性，会导致一些期望产品产量变少（如食物或旅游服务）。然而，即便是集约化生产，若该土地不具有一定程度的多功能性（例如授粉等免费服务），也会有失败的风险。因此，景观多功能性被人们普遍当作土地管理和空间规划的理想目标；这不仅要求在区域内保留并增加多种功能，还要求功能之间需要协同运转，相互影响（图 2.3），而这通常需要保持或恢复功能之间的相互连接。

图 2.3　英国南约克郡（South Yorkshire）森林中对林地的积极管理
旨在促进其多功能效益（包括生物多样性、娱乐、风光、社区参与以及可持续燃料）；这种管理的前提是为地方使用者提供详尽的解释并充分沟通，否则人们可能无法接受这种侵扰

保莱特等人（Pauleit et al., 2003）对大量有关绿色空间的文献进行综述，发现有充分的证据表明了天然的绿色空间在提供舒适物（amenity）与娱乐机会、减少污染、调节城市微气候以及促进生物多样性等方面的价值。除了绿色空间，近来相关讨论也更关注绿色空间（如草地、林地）与蓝色空间（如河流、水池）之间的联系，二者的成功结合能形成更强健的功能性网络。回顾上章，这就是通常所谓的“绿色基础设施”。同灰色基础设施一样（道路及其他运输系统），绿色基础设施对城镇的可持续发展至关重要，被作为加强城乡视觉连续性与功能连续性的一种方式。关于景观功能的性质和意义，英国景观学会（the Landscape Institute, 2009）提出了一个观点：绿色基础设施的多功能性以生态系统服务为基础，并通过提高连接度来强化，功能间的相互作用能产生强化效益（专栏 2.2）。所有这些“服务”都能产生一系列景观价值，而这些价值可被量化并被赋予社会意义。

专栏 2.2　绿色空间的服务及效益（改编自 Landscape Institute, 2009）

- 适应气候变化：增加树冠覆盖率有助于通过蒸散和遮阳作用来减少城市热岛效应，并改善空气质量。绿色基础设施的连接有助于抵御气候变化对生物多样性的威胁，也能改善地表径流来降低洪水风险；
- 减缓气候变化：精心设计和有效管理的绿色基础设施可以鼓励人们以更可持续的方式出行，如骑自行车和步行。树木可以作为碳汇，树木和地貌可以在夏季发挥遮阳作用，在冬季提供庇护，从而减少与空间供暖和空调相关的建筑能耗。景观策略有助于高效、分散、可再生能源潜力的发挥，从而改善当地的能源安全；
- 通过可持续排水系统进行洪水风险管理，并利用农业、沿海土地及湿地，将洪水储存在对建筑物损害最小的地方。湿地建设的相关措施还能够在提供野生动物栖息地的同时加强碳固存（carbon sequestration）；
- 废物同化（waste assimilation）：例如通过芦苇床去除水中的污染物，以及通过精心地恢复垃圾填埋场，使其提供后续多功能用途；
- 食物生产：将食物生产向城市再扩张，通过配给地（allotment）、社区花园和果园创造空间；其附加功能涉及健康食品获取机会和教育机会的增加以及食品安全的改善，也能重新连接社区与当地环境，这是有益的；
- 可持续交通：通过人行道和自行车道连接当地社区。高度连接的、无障碍的景观也为人们提供了重要的、非正式的、靠近住所的积极娱乐机会，并通过让人们参与娱乐空间的设计和管理过程，以此产生更多社会连接；
- 城市和农村地区的野生动物：景观尺度的方法或许能够规划、设计、管理生境和生境网络，让物种在应对环境压力而选择迁移时有更多选择；

- 提高经济效益：与高质量的绿色空间相关，对土地和房地产市场产生积极影响，有助于创造投资环境，并作为更大范围更新的催化剂；
- 当景观的改善能够能吸引当地社区参与，同时联系景观特征和遗产时，它便有助于促进地方感、培养社区精神；
- 教育：提供一个“正式的”户外“教室”，并帮助人们“非正式地”了解他们所处的自然环境，这是人们在有限的环境中生活的基本前提

自然中的景观连接

如前所述，本书认为社会 – 生态系统的“生态”部分包括景观中广泛的非人类资源及非人类系统，包括水文、土壤和大气过程，相关内容将在第 4 章更详细地探讨。而本节将对景观功能的几大方面进行初步的综述，包括生物多样性支持（biodiversity support）、生物质生产（biomass production）、汇水（water catchments）以及大气循环（air circulation）（图 2.4）。

景观对生物多样性的支持作用，往往与重要生境间的物连接以及生态系统过程在景观尺度下的运作方式有关，而景观中的物理廊道（physical corridors）是否能够提高生物多样性这一问题一直备受争议。早在 1994 年，道森（Dawson, 1994）就对这一话题展开了系统的综述，并整合梳理了有关生境廊道（如绿篱）是否能够克服生境破碎化和生境扩散障碍（habitat barriers to dispersal）的证据。这就是所谓的通道功能（conduit function），它基于集合种群理论（metapopulation theory）与景观生态学的概念，同时也基于其他先驱觅食理论

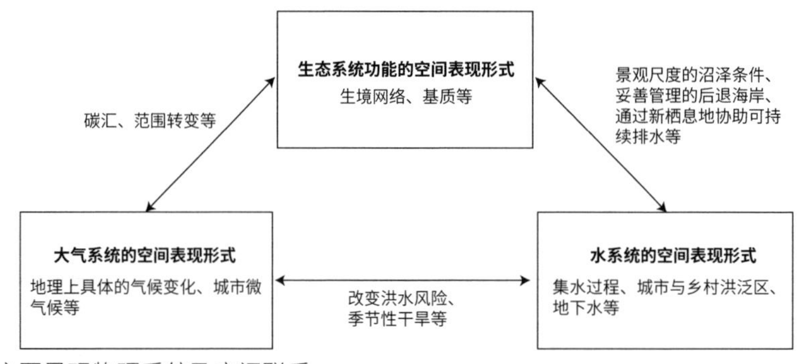

图 2.4　主要景观物理系统及空间联系

（foraging theories），例如岛屿生物地理学说（island biogeography）、巢域理论（home range）以及中心地理论（central place）等。道森的结论是，基于假设研究所得出的证据，即便是经过了严格的检验，可能也无法证实廊道的通道功能，但它的空间模式和空间过程还有其他理论可以解释。然而，一些廊道本身就大到足以为一些物种提供所需的生境，因此上述假设确实是有可能的——实际上，廊道有时就是一个地区仅存的半自然生境，它可能有助于一些动植物物种的数量增长，并满足一些迁徙动物季节性迁徙的需要。一些敏感的物种需要通过迁徙来应对“全球变暖”等外部环境压力，然而，能否找到足够数量的优质廊道来满足它们的迁徙需求这一点值得怀疑。通过小型廊道构成的网络来实现大规模迁徙这一想法极具吸引力，但尚未得到验证。不过还有人认为，在可行且有成本效益的情况下，应该依据“预警原则”（precautionary principle）来强化廊道。

虽然在道森之后，出现了很多关于生境网络的新证据，但道森的结论大体仍是有效的。现有的观点更多转向“为自然营造空间”（making space for nature）。自然界主要需要质量更高的生境以及渗透性更强的景观结构，从而为物种创造“空间”，以满足物种扩张的需求，以及应对环境持续变化时调整活动范围的需求。这个问题将在第 4 章进一步探讨。

对于景观尺度的环境过程而言，一个关键功能是“调节功能”，也就是环境系统中的自然调节器（natural regulators）对减缓潜在有害变化的方式。环境系统可以用“驱动 – 反应”过程（driver – response processes）来模拟（如大气中碳负荷的增加会“驱动”气温上升这一“反应”），而对其速度和强度的调节则有赖于环境子系统的性能。因此，景观发挥着许多调节功能，许多景观子系统调节着“驱动 – 反应”过程中的速度和特性。例如，在强降雨穿过洪泛区汇入河流的过程中，植被、土壤和近地表渗透性岩石会减缓雨水的流动速度，并可能将部分水分送回深层地下水或大气中，或将雨水用于植物生长。那么，洪泛区就是一个自然调节器。然而，如果硬质城市地表封盖了天然地表，或田间排水沟加快了农田径流，调节功能可能会减弱。

另一个重要的调节功能与大气中的碳含量有关。土壤和植被以及海洋生物都能不同程度地吸收、储存大气中的碳。近年来，大气碳含量的大量增加以及自然调节器的减少（例如树木覆盖率降低）受到越来越多的关注。目前全球范围内，土壤的生物固存能力（the biosequestration capacity）正在降低，尤其是农业土壤和旱地，这也引起了极大的关注（Trumper et al., 2009）。虽然不同管理制度下的固存量以及不同地区、不同土壤类型的固存能力仍有许多不确定性，但对于实施相关保护和恢复措施的倡议是言之有据的。

虽然人们做了很多有关未来气候的预测，但要记住，其目标并不是得到精准的预测结果。大众媒体往往误用这些结果，并对其进行字面解读。相反，这些预测应该被看作基于实证的情境，能够提醒我们当心一系列的突发事件，以便我们着手去预测“未来的未知”，并规划可能的应对措施。已完成的《英国气候预测报告》（UK Climate Projections, Jenkins et al., 2009）是预测案例之一，它提供了基于高、中、低排放情境的未来气候概率估计。结果一般以气候变化预测的中值（50% 概率水平）、很可能超出的变化水平（10% 概率水平）以及很可能达不到的变化水平（90% 概率水平）的方式呈现。在下面的摘要中给出了 50% 的情况，括号中首尾两个值分别表示 10% 和 90% 的情况。以 1961—1990 年的气温为基线，预计到 2080 年，英国所有地区都会变暖，尤其是夏季。英格兰南部部分地区夏季气温变化最大，最高可达 4.2℃（2.2℃ ~6.8℃），苏格兰群岛变化最小，仅略高于 2.5℃（1.2℃ ~4.1℃）。各地日平均最高气温均有增加。英格兰南部部分地区夏季平均气温增幅高达 5.4℃（2.2℃ ~9.5℃），英国北部部分地区增幅为 2.8℃（1℃ ~5℃）。英国中部地区年降水量预测结果显示变化不大（50% 概率水平）。冬季降水量增量最大（约 33%）的地区为英国西部一带，而夏季降水量减少最多（约 40%）的地区出现在英格兰最南部的部分地区。英国各地的“10 天干旱期”（ten-day dry spells）数量有所增加，这在英格兰南部和威尔士更为明显。

生态学预报表明，由于这些变化，一些本地物种可能会失去“气候空间”（climate space）。例如，就树木而言，许多物种生长的地理范围将发生变化，这使物种生存变得困难，树木再生及成功定植的概率将下降，可能会被南方更适合新气候条件的引进物种所取代。随着气候变暖，树种的分布必然将发生变化。然而，有人指出，如果要让树木保留在合适的气候包络范围(climatic envelopes)中，物种迁移速率（species migration rates）需要比上个冰期至今物种迁移分布的速率高 10 倍以上（Broadmeadow et al., 2009）。

景观的气候调节功能往往与树木覆盖率有关（专栏 2.3）。一份关于森林在应对气候变化中所起作用的重要报告（Read et al., 2009）指出，森林通过光合作用来消耗大气中的二氧化碳。通过减少森林砍伐、实施森林管理以及植树造林，到 2030 年，全球范围内可减少相当于当前化石燃料所排放的 25% 左右的二氧化碳。事实证明，相较于其他选择，建立林地是一种成本效益很高的温室气体减排方法。林地和森林是纯碳汇地（a net sink of CO_2），不断从大气中吸收二氧化碳（除了树木采伐期间及此后相对较短的时段内）。虽然森林碳储量形成的碳“汇”（a ‘sink’ for carbon）会有一个上限，但基于木制品中的碳储量以及木材对化石燃料的替代，二氧化碳的总减排量可能在不断循环中增加。由此看来，一些更集约的森林管理替代方法，即选择性更强、机械化程度更低的替代方法，或许能显著提高固碳率。

专栏 2.3　林地景观的气候服务预测

英国的一项研究探讨了大幅提高未来种植率的可能性(从每年的8360公顷增加到约23 000公顷)。结果表明：

- 随着 1990 年以来种植的林地逐渐成熟，到 21 世纪 50 年代，这些成熟的林地以及种植率的提高的共同作用能够有效减少约 10% 的温室气体排放；
- 最具成本效益的选择似乎是针叶林和快速增长的能源作物，但多目标管理的混合林地也能带来高成本效益的减排；
- 如果不采取任何行动来加快林地的形成，英国森林对大气中二氧化碳的吸收率会从 2004 年的每年最高 1600 万吨下降到 2020 年的每年 460 万吨；
- 这些下降现象与森林年龄结构、20 世纪 50 年代至 80 年代造林方案所形成林地的成熟和采伐以及 80 年代以来种植率下降有关；
- 英国现有的森林（包括土壤）既是一个巨大的碳库（约 79 000 万吨二氧化碳），又是大气中的二氧化碳吸收系统；
- 可持续的森林管理可以使森林的碳储量保持在一个恒定的水平，同时树木持续地从大气中吸收二氧化碳，并将一部分碳长期储存在林产品中；

- 因此，在适当的管理系统下，森林及其相关“木材链”中的总碳量会随着时间的推移而增加。如果将生物能源用于供暖，包括从木质生物质中提取的能源，对总碳量的增加更有益，因为这是一种最具成本效益、环境可接受度最高的温室气体减排方法。在建筑中使用木材也可以固碳（Read et al., 2009）

树木除了减排潜力外，还具有重要的适应潜力，特别是在城市环境中。它能够提供庇护、降温、提供遮阳空间以及控制径流。这一点将在后文谈到城市气候相关内容时进行讨论。

景观的另一个重要的调节功能是水分平衡（Wheater and Evans, 2009）。同样，气候变化驱动力是调节的核心，特别是预期的降水变化。尽管未来降水具有很大的不确定性，但极端事件的频率预计将会增加，而这可能会加剧各类洪水事件的危害。康道夫等人（Kondolf et al., 2006）在研究“河流断连”时指出，人类对水域生态系统的影响往往改变了水文连接度和流态（flow regime）。水文连接度是指，物质、能量和生物能够在河道、洪泛区、含水层和其他组成部分内部或各部分之间发生水介导的转移，可看作是在纵向、横向和竖向维度上随时间的推移而发生的。康道夫等人的报告阐述了，大量河流生态系统连接度理论研究的关注点是如何从最初的纵向梯度，逐渐扩大到与洪泛区、河岸带的横向连接，以及与地下水的竖向连接。本书对于对纵、横及竖向维度连接如何共同作用的理解相对新颖，对它们断连后所产生的重要影响也有较新的认识。沃尔（Wohl, 2004）系统地展示了人类活动是如何使河流枯竭，又如何损害了河流系统与其他生态系统之间的连接。当前已被接受的观点是，纵向、横向和竖向的水文连接，多尺度支撑着河流中几乎所有的生态系统过程和生态系统模式，而它的断连是河流生态退化的主要原因。从修建堤坝到加深河道，各种人类干预措施可能满足了诸如“控制一定程度的流量”的迫切需求，但也会减少其他重要的洪泛区过程。例如，对横向连接度的限制，会降低洪泛区的生产力、阻碍养分交换以及阻碍生物群（biota）在河流、洪泛区湿地之间的扩散（Jenkins and Boulton, 2003）。

若要在滨河城镇寻找空间，来应对日益频发的洪水事件，那么工程师和规划师未来将面临严重的问题，因为城市规划政策正大力提倡棕地再利用。虽然棕地再利用有很强的可持续性，但人们一直担心这可能会导致形成“填鸭式城镇”（town cramming），而挤占了生态系统服务所需的空间。因此，此类土地的集约利用以及开放空间的减少，可能会加剧城市洪水问题，尤其是在城市滨水区域棕地更新项目聚集的地带（Wheater and Evans, 2009）。

城市化是洪水风险的驱动因素，城市化过程会增加有洪水风险的资产，也会加速径流（对下游地区造成潜在危害）。然而，这个问题并不简单：正如埃文斯等人（Evans et al., 2004）所言，若一块棕地位于洪泛区的同时也有良好的防洪设施为其遮挡，那棕地再开发在这里就很难被禁止。而相对而言，对现有城市空间、新建城市的形态、新建城市的密度以及更多绿色空间进行更新，可能更具恢复力。但其实，少有机会能够允许我们以可持续设计原则去创造一个新的、具有恢复力的城市形态，因为发达国家每年新增住房仅占总体住房存量的 1% 左右（典型比率）。因此，更重要的是如何对现有结构进行改造以优化恢复力（例如设计可持续排水系统和控制资源）。

在农村地区，洪涝灾害影响着农业用地以及农业生产力。农村土地既是洪水的驱动因素，也是受害者。有人认为，农村土地利用的集约化增加了地方径流和小流域径流，这些问题在许多地方还因土壤退化而加剧。而有时，农业用地也有助于降低洪水风险，不但可以减少径流，一些农业洪泛区土地还可以蓄洪和减弱洪水。沼泽地就是这样，具有丰富的功能，能够减轻面源污染（diffuse pollution），也对野生动物栖息地有益。半城市化地区（peri-urban areas）的集约化农用地和部分城市化用地，很大程度改变了汇入城市地区的径流量（影响包括渗透的减少、地表径流的增加）。尽管洪水和土壤积水（soil waterlogging）会造成明显的损失和困扰，尤其是在集约化农用地上，但一般来说，农用地比城市用地更能承受洪水，而且损失更小。因此，越来越多人将原有的一些农业防洪设施“后撤”，适当允许洪水发生，并恢复自然洪泛区，以提高蓄洪能力和生物多样性。当然，这些措施会给农民带来困扰和经济风险，因此社会需要以适当的方式对其进行补偿（Wheater and Evans, 2009）。

由于海平面上升、潮汐加剧以及一些海岸沉陷问题，海洋淹没（inundation）

对海岸也构成了威胁。大量研究以及实践项目已着手关注海岸线的管理和调整，允许海水淹没那些原先为盐沼生境的农用地。在许多地区，这被认为是解决沿海洪水问题以及防御海岸侵蚀日益可行的办法。然而，能够实行这种退耕管理方式（被海水淹没）的农业用地只占很小的一部分，大部分农业生产用地都高度依赖防洪措施和土地排水（Evans et al., 2004）。因此，海洋淹没这种长远的管理方式与食物生产之间存在潜在冲突。

相对于周边乡村，城市地表以硬质为主，导致城市热量储存得更多而释放得更慢，因而通常会出现“热岛”效应。由于城市中玻璃等反射面很多，辐射的能量经由反射过程释放到大气中。交通工具、空间冷热供应系统以及工业活动加剧了热岛效应，这表明城市的温度可能比周边乡村高几度，在炎热的夏天会令人非常压抑。吉尔等人（Gill et al., 2007）指出，相较于周边乡村，城市环境具有独特的生物物理特征（biophysical features），包括能量交换方式的差异（因此形成城市热岛）以及水文过程的差异（如雨水地表径流增加）。在一定程度上，这些差异是由城市地表特征的改变造成的，例如，植被覆盖率降低减少了蒸发冷却过程，而不透水地表的增加则会导致地表径流增加。这些影响会因气候变化加剧。

社会中的景观连接

本节介绍景观的社会功能，各类社会功能之间的联系将在第5章详细讨论。如前所述，社会–生态系统的“社会”需要从广义上理解，包括与个体、社交、社区、经济、文化和治理的相关议题。特别是，本节主要关注的是社会资本和人类幸福感的核心概念，这些概念对于理解景观重新连接的潜力及其功能至关重要。

社会资本的概念与人际互动所产生的利益有关。它可以表现为多种多样的群体，包括地方社区（特定的地方）、兴趣社群（以人们的共同兴趣为核心的群体）和实践社群（为集体目标而努力的利益相关者群体）。经常有人说，“社会资本网络”及其所在的“地方”之间可能有密切的联系——这就是大多数人所理解的“社区”（community）。

社会资本一般指存在于各类社群中的友情网络、信任网络、互助网络和公民参与网络。一方面，它具有文化意义，由皮埃尔·布迪厄（Bourdieu, 1997, p51–53）普及，他研究了社会分化与不公是如何通过社会互动延续的——这通常被讽刺为“你只是认识他但你并不懂他”（‘who you know rather than what you know’）。另一方面，正如美国社会学家罗伯特·帕特南（Robert Putnam）所说，它有更多的社会学意义。后者被认为是一个更适用于政策的术语，也更适合当下的讨论，强调的是社会资本如何通过社区、友情网络中的交流来服务社会群体。对于帕特南来说，各种互动程度和类型，可以为个体提供幸福感，让人更健康，获得更多公民参与的机会等。对景观而言，重要的是，格雷厄姆等人（Graham et al., 2009）指出，虽然帕特南并没有特别关注“地方”，但很明显，他想象了一系列可免费使用的空间，在这些空间中，社会资本可能发生互动。

帕特南（Putnam, 2000）提到了两种社会资本：紧密型社会资本（bounding social capital）和跨越型社会资本（bridging social capital）。前者往往具有排他性，新来的人（incomers）难以被这些紧密连接的群体（close–knit groups）接受，而后者往往对新来的人更具包容性，从而将不同群体连接起来。紧密型社会资本让那些长期与某地或某行业有着密切连接的人们连接起来，因此可能表现为非常稳定的、相互依赖的社群。然而，这种社群有时可能会敌视外来者或某种意义上的“其他人”（例如基于肤色、宗教或性取向）。跨越型社会资本关注的是人与人之间的联系，为不同群体和个体搭建人际桥梁，避免因共同点缺失而导致群体差异和分离。虽然跨越型社会资本在地理上不如紧密型社会资本集中，但它可能与地方有很强的连接，并能在地方社区居民中间发挥强大的作用。类似跨越型社会资本，还有学者提到了垂直型社会资本（linking social capital）（有人认为它是跨越型社会资本的一个部分），这往往通过一些与地方没什么连接的组织来运作。紧密型社会资本往往与传统稳定的社区有关，也与特殊的地方就业模式（如煤矿开采）密切相关。它往往体现在社会参与、地方参与和社区参与层面上。莱薇卡（Lewicka, 2005）探讨了地方依恋与公民活动的正相关关系中存在的明显悖论，也讨论了地方依恋随个人社会地位和文化地位（文化资本）的提高而下降这一看似矛盾的观点。其中一个解释是，虽然流动性较强的中产阶级的紧密型社会资本看似较弱，但他们可能拥有跨越型（或垂直型）社会资本，涉及更正式的公民参与。这可能反映出他们希望通过积极的组织参与，来建立社会网络。

虽然人们普遍认为社会资本是有益的，也是必要的，但紧密型社会资本可能导致“社区暴政”，即社区只接受那些“合适的人”。事实上，有些人认为，社区的丧失可能是构建更宽容的社会的一个代价。一些学者强调了地方社会关系的影响作用，这些关系定义了“地方”这一概念，同时可能会加强地方内部权力关系和不平等关系，排斥“其他人”。如此一来，地方社会网络可能会期望新移民遵守其规范和惯例，会不断判断哪些人是“自己人”或可以被接受，而哪些人不行，这些观点颇为消极。然而，也有反驳的声音，认为社区精神（community spirit）和包容性并非不相容。值得注意的是，帕特南提出的证据表明，社会资本具有强化效应，那些更愿意向家人朋友伸出援手的人往往也是最积极地向社区伸出援手的人（Putnam, 2000）。关于社会资本与景观的关系，大多数讨论都认为社会资本对景观很有益。显然，情况并非总是如此：一方面，社会资本可能导致排斥和拒绝性行为，另一方面，一些反社会组织，如帮派内部也会表现出高度的信任、支持和忠诚，这也是社会资本的展现。然而，“良好”的社会资本能加强社群内部的互惠和信任，这点被很多人看作是形成可持续、具有恢复力的社会以及构建人与地方关系的先决条件。

此外，一个具备适应性和恢复力的社会应该能够支持社会学习。人们一般认为社区利益相关者不懂环境问题的科学基础，因此需要专家来弥补他们的“知识缺陷”，专家解决问题的方式是告诉他们问题的性质并同时提供给他们必须接受的解决方案（Petts, 2006）。但是，如果一些地方面临着新的复杂问题或正在探索创新性解决方案，则他们所面临的挑战需要被广泛认识，让提案的预期结果及其相关风险得到广泛接受。在这些情况下，有人认为，机构和社区需要一起探讨解决共同问题的新方法。将专业知识分析与当地经验智慧结合，更可能推动有效且被认可的变革，因为这是建立在大量实证、经验和相互尊重基础之上的。有人认为，对于问题、机会、组织内伙伴关系、研究要求和行动等方面内容，可以通过社会学习来加深对其的理解。在后面的章节中，我们将考虑社会学习如何在景观中进行，如何促成具有多功能性、适应性和恢复力的景观。

布鲁梅尔等人（Brummel et al., 2010）提倡交际学习（communicative learning），即学习价值观和意图，学习如何一起工作、如何建立共同认同（common identity）。这种方法借鉴了转化学习（transformative learning）的概念（Mezirow, 1997）——提出了人们应如何构建更综合、可持续的方案设计方法论。这种方法可能不适用于论证景观管理干预的具体措施，但对于加深广泛共识而言可能是非常宝贵的。穆罗和杰里弗（Muro and Jeffrey, 2008）注意到米尔布雷斯（Milbrath, 1989）是如何将社会学习与可持续发展联系起来的——用“自我教育社区”（‘self educating’ community）来描述一种可供人们相互学习和向自然学习的环境。他们观察到，早期对社会学习的描述集中在认知上，换句话说，通过与他人一起学习，通过学习者之间的反馈和互惠，来发展、完善对事实的认识。然而，有人认为这过于狭隘，无法涵盖所有参与式景观管理和可持续景观管理的相关学习过程。近来的社会学习探索倾向于用参与和协商来为事物提供合理性并构建公民道德伦理，这些机制可以为环境相关决策构建一个更好的基础。通过这种“情景式”（situated approach）学习方法，人们更能理解利益相关者相互之间的感受和张力，对于解决那些有关可持续发展的棘手问题，这可能特别重要。它还可能触发转化学习，让人们逐渐改变对自己、对世界的看法，从而更有能力发现并接受生活方式和环境的变化。

柯音等人（Keen et al., 2005）指出，就环境问题而言，社会学习将三类重要伙伴——社区、专家和政府聚集在一起，构建知识和伦理，支持未来可持续发展的相关集体行动（collective action）。为此，有几类技术路径可使用，而其核心是引发反思这一过程。环境管理中的反思是社会变革的重要杠杆，因为它可以揭示理论、文化、制度和政治背景是如何影响我们的学习过程、行动和价值观的（图 2.5）。自我反思与实践反思需要催化剂来揭示那些看不到的东西。同

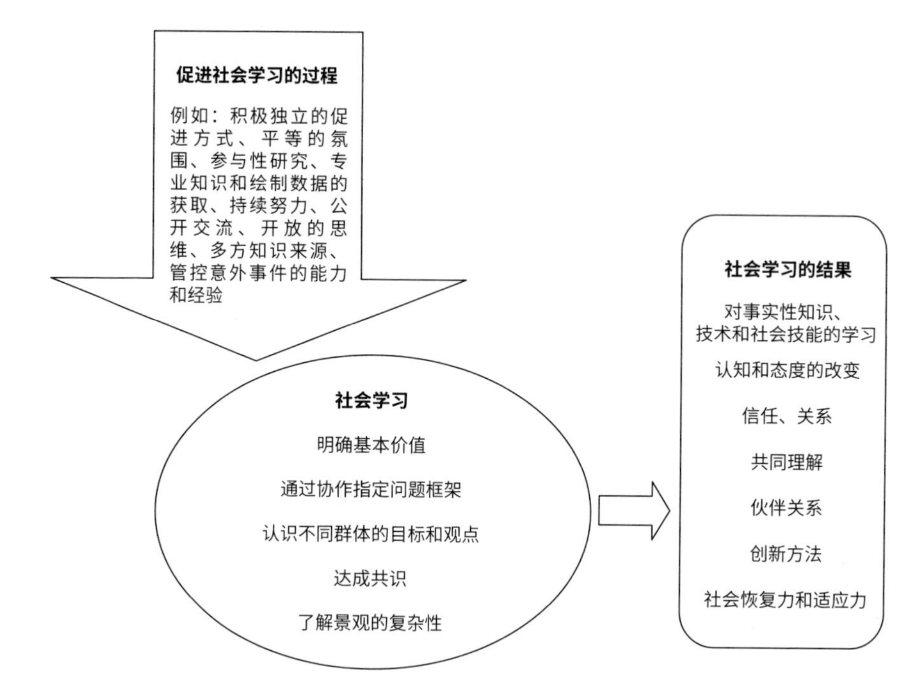

图 2.5 社会学习的性质和益处
（基于 Muro and Jeffrey, 2008）

样，派兹（Petts, 2006）指出社会学习的关键要素包括：特定利益相关群体、积极的促进手段（active facilitation）、协作框架（collaborative framing）、互动作用的优化和意外事件的管理。由此公众和专家都能知道，是否存在合适的条件，用于倾听、分享和反思相关偏好和适应性。蒂皮特（Tippett, 2004）建议，参与者需要"具备生态系统逻辑"（think like an ecosystem），探究景观系统多样性的促进方法，使其具有恢复力或应变力。作为这个系统的一个组成部分，利益相关者和从业者也需培养应对未来挑战的能力。

也许景观最突出的"文化"服务是对身体、心理和精神健康的潜在贡献（Morris, 2003）。如前所述，"恢复性环境"的概念意味着景观可以提供一个促进精力恢复和效率恢复的环境。此外，一个具备良好空间连接的景观也能为健身和锻炼创造重要的条件。

科技发达国家盛行久坐的生活方式（sedentary lifestyles），步行已从日常交通方式变成为一种休闲追求，因此，必须更多地鼓励人们参加体育运动。户外活动还能够增加社会互动的机会，对幸福感有益。

幸福感（well-being）的概念被广泛用于有关绿色空间益处的研究中。一些研究者认为，自然环境有益于身体、心理和社会幸福感的和谐。然而，这些研究在证据收集的可靠性方面存在问题，因为许多感兴趣的研究者均来自医学专业，而许多研究是在学术课题上进行的，无法满足这些专业对临床和定量证据的可靠性要求。此外，幸福感一词没有统一的定义：无论从客观可衡量方面（如财富水平、教育和卫生保健），还是主观方面（个人对其自身状态的想法和感受），它都是一个广泛且富有争议的术语。

莫里斯（Morris）指出，许多学术文献中都区分了享乐学（hedonic）和幸福学（eudaemonic）方法，这些争论极大地影响了幸福感的衡量方法。享乐心理学研究的是影响体验和生活愉快与否的因素，主要关注身心偏好及身心愉悦，而这种观点对定量测度的发展产生了很大影响。这方面的大多数研究都借鉴了“主观幸福感”（subjective well-being）的概念，由三部分构成——生活满意度、有积极情绪和没有消极情绪，一般统称为“快乐”（happiness）。幸福学理论家往往更强调“精神幸福感”（psychological well-being）。他们认为，“快乐”是一个过于狭隘的标准，因为并非所有追求快乐的欲望都有助于产生幸福感，甚至也会有害。他们认为，幸福感与目标感以及实现人生意义有关——是自我实现，而不是追求快乐。自我决定理论（self-determination theory）（Ryan and Deci, 2000）认为，自我实现需要满足三种心理需求：自主性（拥有对自己生活的控制感）、胜任力（人的各方面机能有效运转）和关联性（与他人有积极的互动）。政府对主观幸福感和幸福学理论的概念都很感兴趣，但目前也许更倾向于后者——更广义的幸福感概念似乎与一些政府影响力有关。

外界因素会对心理产生影响，沃里宁（Vuorinen, 1990）提醒人们注意自我调节（self-regulation）这一概念，指人们处理这种影响时的心理活动。自我调节以及与之密切相关的情绪调节能力，让个体能够适应原本可能难以承受的压力。沃里宁认为，这种适应性解决方案是通过自我决定和恒心来实现的。因此，在个体的能力和控制范围内，他们通过表象、认知和幻想来形成自我体验，努力调节精神紧张。人会试图在限制性条件中获得“自我体验”与“自尊”二者平衡的最优结果。爱泼斯坦（Epstein, 1991）也提出了类似的自我调节观点，该观点基于一种与现实和自我有关的前意识理论（preconscious theory）。在总体层面上，这是关于世界和人类本性的基本信念，随着层级降低，信念所涉及的范围也随之变窄，且与直接经验更加相关。普遍的观点是，人们的这些信念不是为了追求自身目标，而是为了使生活尽可能舒适、有意义并获得情感上的满足。

重要的是，就人与景观的联系而言，地方体验对于自我调节功能似乎至关重要，有助于个体恢复。这是因为生态系统服务可能与特定地方（尤其是熟悉的地方）的体验和理解有关，而这些体验和理解则有可能帮助人们调节情绪和自我体验（Korpela, 1989; Korpela et al., 2001）。

社会与景观连接的最后一个重要部分是经济过程对自然功能的影响。历史上看，许多重要的文化景观实际上是地方经济与地方特性（the particularities of place）相结合的产物。在当代文化背景下，外部经济力量大大削减了本就缓慢发展的地方经济，同时也减少了其多功能性和独特性。从本质上讲，大尺度景观的独特性可以通过以下三种方式形成或保留下来。

- 让社会经济驱动力与物理景观发生自然、偶发性的联系，使生产实践自然而然地形成特色景观；
- 通过纳税人对生态恢复力管理实践的维护（通常是基于传统方式，但如果不设附加赔偿责任，这些方式在经济上将难以维持）；
- 寻找新的私人收入来源，来维持建筑与自然的外观（而不一定是功能）特征。

如果我们想让更多的景观表现形式得以涌现，如上述第一种方式所说那样，将经济实践与景观特征的形成过程结合起来是很有益的。有时，它会聚焦于传统手工艺和食品，有时会通过“新的驱动力”来实现，例如规划大规模住区或可持续排水系统。

许多景观已经陷入了衰败的恶性循环——农业废弃或城市工业集约化影响了当地的社会发展，导致人口减少、地方经济活动脱嵌，使景观特征、独特性和多功能性丧失，缺乏自主更新机制。有人提出了一种可能的良性循环——使景观品质有利于地方经济和生活品质，同时，经济和社会实践反过来也有助于培养景观品质（Selman, 2007; Selman and Knight, 2006）（图 2.6）。

在先进工业经济体（advanced industrial）和后工业经济体（post-industrial economies）中，农业景观的良性循环往往都需要某种国家补贴来维持。虽然纳税人对特定类型农业进行补贴这一做法，看上去是低效和过时的，但事实上，尽管许多重要的景观服务（如授粉和水分调节）非常重要，却因其缺乏市场价值，而没有具体价格。因此，在这种市场失灵的情况下，从一般性税收中拨出一定费用来支持生态系统服务是合理的。此外，许多重要传统景观特征的保护离不开善意的赞助，一些有影响力的土地所有者有意识地将这些景观规划为舒适物。在当代社会，非政府组织和公共机构也可以合法地发挥类似的作用。因此，一

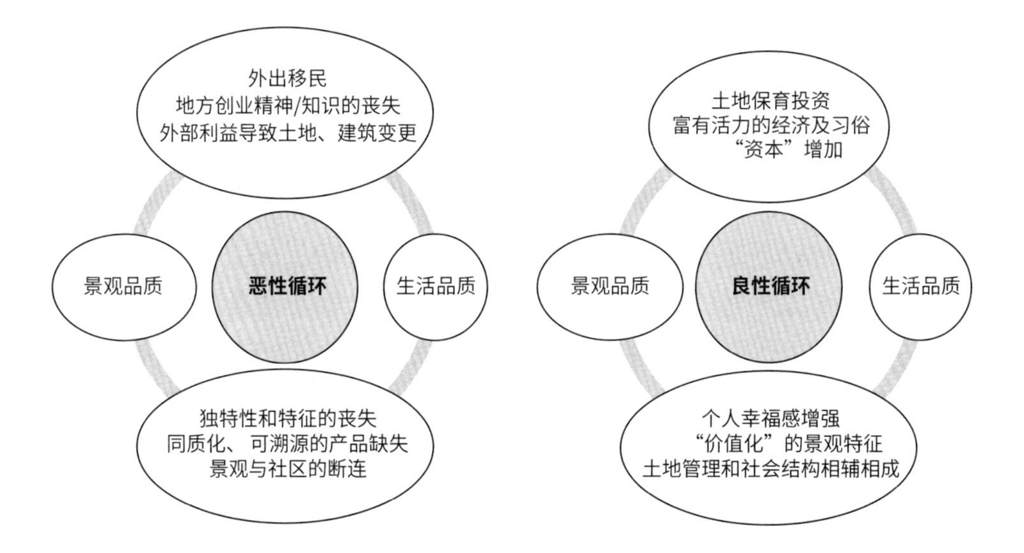

图 2.6　景观中的恶性循环与良性循环

些社会性做法和政府政策，例如“之友”（‘friends of’）团体或税收优惠政策，可能侧面反映了早期的赞助模式，且有助于维护优选的景观。

小　结

本章介绍了社会景观系统和自然景观系统的一些关键基础性概念，这些概念将在随后的章节中更详细地探讨。当前景观被看作一个多功能动态系统，从自然和文化层面提供一系列生态系统服务。这些服务涉及文化、物理和生物方面，均对人类幸福感有益。在生活中“体验”自然似乎是人的基本需求，超越了生态系统、水文系统和大气系统所能满足的基本“生命支持”需求。在多功能景观中，系统之间有很好的嵌入式连接（embedded connections）（图 2.7）。然而，这种联系受到了广泛的破坏，使得这些系统的功能正在丧失。

一些连接主要存在于人和社会之间：无论是在童年时期还是成年之后，人与自然断连，都会降低生活品质，还可能造成心理困扰。此外，这可能还会破坏社会资本的持久性，进而削弱人们共同应对环境危机的能力；可能会削弱经济可持续增长的基础；绿色廊道的破碎化还可能阻碍可持续交通模式的发展。

另一些联系主要存在于自然系统内部和各类自然系统之间：城市化和人类

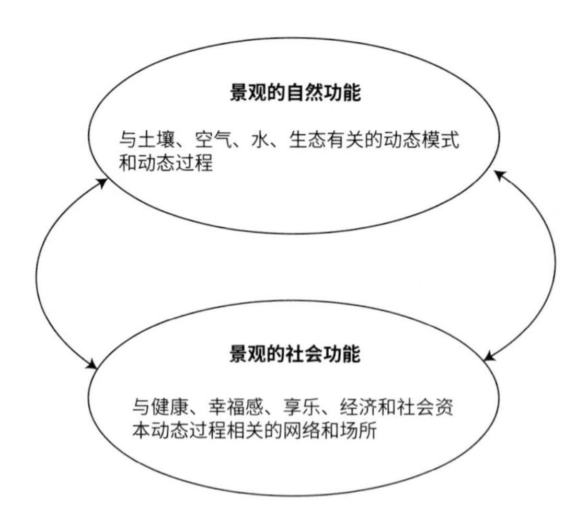

图 2.7　自然景观系统与社会景观系统之间的广泛联系

洪水控制行为，已经让自然界的水文系统遭受破坏。农村土地使用的某些变化也在干扰自我调节系统的动态性。城市内部气流通道和微气候区域被破坏，植被性质和结构没有受到足够的关注，导致大气系统正在发生变化。网络特征的丧失，导致了生态资源普遍退化。所有这些都在阻碍“自然”提供生态系统服务，削弱其从干扰中恢复的能力。

重建自然和人类系统的连接或许能够改善人类的幸福感，并提高抵御未来冲击的能力。有人认为，人与景观的断连导致了恶性循环——人对景观的关怀减少，而景观的品质下降。还有一种更为巧妙的做法是让人们了解到景观投资能够提升生态系统服务品质，鼓励投资，进而形成更独特、更具适应性的高度连接的多功能景观。这一巧妙的原则是后文中大量积极重新连接的相关理论基础。

第 3 章
景观的变化与恢复力

文化景观中的变化

景观是一种动态系统而非布景。一些景观是快速变化的，例如那些快速发展的地方或那些即将更新的工业用地。而一些景观的变化则是缓慢的，只能让人在视觉上感受到色彩的季节变化。但即便如此，人和自然的力量还是让景观在缓慢地、难以觉察地变化着。景观的变化是不可阻挡的，这一认识，对于探索如何在中居住，如何管理、设计和规划景观是至关重要的。

对于景观，普遍观点认为，它是永恒的，牢牢地扎根于人类动荡且短暂的岁月中。虽然基本地貌大体不变，但文化景观确确实实在不断变化着。景观变化的自然驱动力包括物理和生态过程，其中一些过程受人类活动影响而强化（例如由碳排放导致的气温上升）（Winn et al., 2011）。文化驱动力包括经济活动、对土地利用的社会期望以及公共政策。景观的变化是一种常态，它无处不在，即便是在没有人的情况下。

从大体上说，最受重视的是一些缓慢变化的景观，其变化驱动力与当地环境系统的固有能力以及当地物质文化的持久性能够和谐共存，并且这里的社会资本和经济创业者与土地、与居民紧紧相连。这些条件的满足，使得景观的变化缓慢而微妙，也因此，地方特征得以保留。人们往往力图保留、保护这类景观，从而进一步减缓其特征价值的流失。常有人认为，缓慢变化的景观往往具备更丰富的功能，它们的自然资本、社会资本会不断增加，并且在应对未来冲击时会更具恢复力。而这些假设，通常都被合理化。

人们越来越强烈地意识到，景观保护是不足以支撑景观政策的，同时，缓慢变化的景观也不该被过度保护，必须允许其发展。亚当斯（Adams, 2003）认识到保守型保护（backward-looking conservation）的不足，主张要为“未来的自然”腾出空间，二者相辅相成。因此，除了单纯的重新体验或重建过去农业经济中的文化生态系统外，保护主义者还应该关注自然在未来景观中重新获利的能力。由于社会系统、气候条件以及其他驱动生物多样性变化的力量在一定程度上是不可预测的，因此，当前保护政策中主要强调的固有生境（the inherited habitats）和未来不一定相符；相反，“未来的自然”将会涌现出现新的类型，但也会与周边环境和文化条件持衡。这一原则源于生物多样性，并适用于“未来景观”更广泛的演变。

然而，这并不意味着过去不重要了，也不意味着外界、非本地的变化驱动因素应该被无条件欢迎。景观的另一个特质是“残磁性”（remanence）（Le Dû-Blayo, 2011）——这是一个技术术语，用于指代磁铁被移开金属后金属中的残余磁性，或指电子存储介质上擦除数据残留的痕迹。景观保留了以往每个阶段的痕迹，而这些多阶段的影响，在特定地点以独特的方式结合，赋予景观特殊性。人们经常用“重写的羊皮纸”的比喻来描述这种现象，在这些纸面上，尽管以前的文字被擦除或覆盖了，但人们仍然可以隐隐约约地察觉到它们的存在。痕迹可以是有形的，通过人的劳动或地貌过程刻在土地上，也可以是无形的，以记忆、信仰、习俗和故事的形式存在。这些痕迹或是清晰明了，或是朦朦胧胧。一旦有形的痕迹被抹去了，过去的野生动物种群被消灭了，又或是故事被遗忘了，景观的“信息”服务就会被剥夺，这将导致人类幸福感减弱，导致认知发展所需的复杂性丧失。

在下面关于景观的讨论中，尽管我们可能希望确保景观得以延续，但必须了解其变化的程度。那些看上去最永恒稳定的景观，也会因自然与人的力量而发生改变。因此，仅靠“保护”手段不能维持景观的独特性和恢复力——景观重新连接的前提是承认所有景观都是动态的。

广泛使用的 DPSIR 模型可以用来理解景观中的变化，该模型提供了一个描

述社会 – 环境互动的因果框架。该模型由以下五部分组成。

- 驱动力（Driving forces）；
- 压力（Pressures）；
- 状态（States）；
- 影响（Impacts）；
- 响应（Responses）。

该框架是基于经济合作与发展组织（the Organisation of Economic Co-operation and Development, OECD, 1993）开发的“压力 – 状态 – 响应”模型，该模型已被广泛用于环境干预措施研究的实证框架构建和证据分析（例如 European Environment Agency, 1995）。通过使用 DPSIR 模型框架，可以判定不同要素之间的联系，并衡量响应措施的有效性（Schneeberger et al., 2007）。诸如人口和经济增长、城市化和农业集约化等“驱动力”导致了污染问题和其他环境压力，进而可能影响人类健康或生态系统。响应措施可以针对驱动力，也可以针对影响结果，即驱动力对环境和人类健康的直接或间接影响。像政策和规划这样的响应措施本身就可以成为重要的驱动力：例如，20 世纪的农业政策成功地促进了广泛的土地集约化利用，提高了土地生产力。总的来说，动态景观不断受到“变化驱动力”的影响，这一点很重要（图 3.1）。

一项由英格兰自然署（Natural England, 2009d）委托开展的地平线扫描（a horizon-scanning）研究，可以帮助我们理解“未来变化驱动力”的性质，该研究从 2010 年开始展望未来 50 年，确定了未来景观的 13 个关键“影响因素”（专栏 3.1）。如上所述，规划和政策本身已成为重要的驱动因素，对于景观所面临的外部压力，表 3.1 梳理了公共机构的一系列具体响应措施。

有时，人们可能比较容易接受变化，甚至没有发现它，但有些时候变化会受到强烈的质疑。人反对变化，可能源于根深蒂固的伦理或科学，也可能受个人价值观和偏好影响。例如，有些人可以接受带有视觉冲击的风力机，认为它

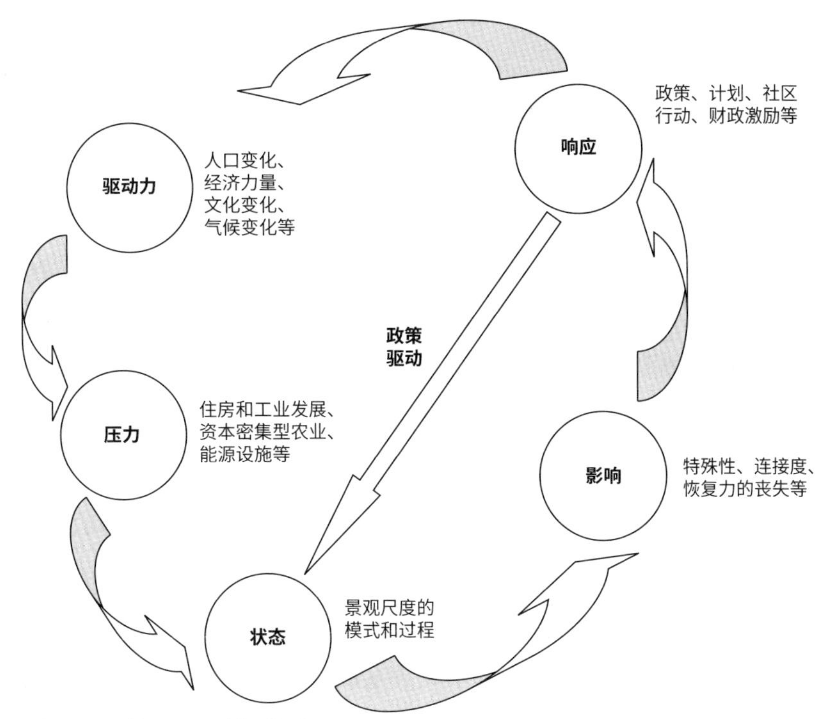

图 3.1　文化景观的 DPSIR 模型解释

专栏 3.1　21 世纪景观变化的关键潜在驱动力
（基于 Natural England, 2009d; Creedy et al., 2009）

英国的一项研究探讨了大幅提高种植率的可能性（从每年 8360 公顷增加到 23 000 公顷左右）。结果表明：

● 气候变化：一个既有物质影响又有社会影响的驱动因素。虽然直观的物质变化相对容易预测，但有关人的响应模式这种间接变化则存在更多的不确定性。此外，虽然大势已知，但未来变化的速度、类型和最终规模仍存在许多不确定因素；

● 新技术的融合：其导致的巨大变化与新产品和新服务有关，也与社会关系的重塑有关。纳米技术和生物工程将给制造业和食物生产带来广泛变化，让生命与无机世界的界限变得模糊，改造植物、动物和微生物，最终设计出全新的生命形式。信息技术将从硅元素扩散到生物和纳米载体，变得无孔不入；

● 人口结构：人口的数量不断增加，并迅速向城市中心迁移。目前全球人口约 70 亿人，预计 21 世纪的人口峰值将达到 100 亿人左右。自然资源和生态系统服务将面临越来越大的压力。大部分人口增长源于人类寿命的延长，因此，到 2060 年，各地的人口老龄化情况将更加严重；

● 能源：从历史上看，这一直是景观变化的主要驱动力。全球石油和天然气产量即将达到峰值，需求量迅猛增加，尤其在新兴经济体中。即使开发了可再生的替代品，能源的稀缺及其成本也很可能会改变许多土地利用方式和土地活动。到 2060 年，全球能源供应可能会更加多样化，能源结构将由现有的低碳技术和新技术构成；

● 食品安全：这或许是最根本的驱动力。尽管当前世界能够自给自足，但这至少有一部分是依赖于大量的矿产和能源补贴，而这同时也产生了污染，从长远看是不可持续的。随着人口和财富的增加，全球食品需求的增长速度将超过全球供应量。对于作物产量而言，较短的供需周期和天气的影响叠加起来，形成了长期的变化，使情况愈发复杂；世界经济力量的转移：特别是随着金砖四国——巴西、俄罗斯、印度和中国等新兴经济体获得主导地位。凭借庞大的人口和不断增长的国内生产总值，其政治、社会和道德影响力将提升；
● 治理：世界可能愈发危险，因此未来的治理可能会以提高恢复力和降低风险为主导；
● 健康和幸福感：尽管寿命、健康和幸福感有所增加，但仍会出现与不健康的生活方式和饮食有关的疾病，这是可预防的。人类和动植物的传染病将增加，并因气候变化的影响而加剧；
● 海洋环境：由于酸化、污染和过度捕捞，海洋环境的恶化可能导致鱼类灾难性减少。塑料和塑料颗粒是海洋中日益严重的问题，而其吸附的二氧化碳，会消耗海洋对于大气中过量二氧化碳的吸收能力，并加速酸化；
● 流动性：交通量将持续上升，并将引发许多景观变化。全球大部分的出行可能是以休闲为目的，而商务联系将虚拟化。由于全球化倡导的劳动力流动，以及战争、环境恶化或气候变化导致的人口迁移，移民人口也将增加；
● 货币、财富、经济：未来很可能会出现新的经济活动模式，例如以地方化生产为基础的不同生产模式，或与当前西方自由经济模式不同的经济模式；
● 资源：新兴经济体的经济增长及其消费增长正在导致全球范围内的资源争夺，水资源短缺和食品安全问题突显。而资源的有效利用、更新再利用和回收技术可能是未来的关注重点；
● 价值观：人们接受或特别希望看到的东西，有助于塑造景观。人们的价值观将受到基于开源架构的信息媒体技术无孔不入的影响。全人类的教育水平将持续提高。可能会出现一种以混沌和复杂的范式为基础的科学世界观。通过信息技术提高连接度，可能会促进自下而上的公民参与

表 3.1 景观变化的理想驱动因素及重要实施机制

	驱动力	交付方（举例）	与景观的相互影响
经济	● 经济增长和就业； ● 复兴； ● 发展可持续社区	● 中央政府及其机构； ● 公用事业公司和基础设施供应商； ● 开发商； ● 旅游合作	● 景观对休闲和旅游的重要性； ● 景观有助于创造“地方感”——吸引企业、居民及外来投资； ● 可持续发展需要以当地的环境局限性和能力为基础
社会	● 社区凝聚力和志愿服务； ● 社会学习； ● 健康和生活质量； ● 地方营造	● 中央政府及其机构； ● 地方当局和伙伴关系（如卫生部门）； ● 教育和交通部门	● 基于特征的景观规划和娱乐 / 访问； ● 解说和教育； ● 基于地方性的绿色基础设施； ● 基于社会价值的景观目标
环境	● 减缓和适应气候变化； ● 自然资源保护； ● 保护和加强生物多样性； ● 文化遗产和生态系统服务	● 中央政府及其机构； ● 地方和国家公园管理局； ● 非政府组织； ● 土地所有者、开发商和公用事业公司	● 综合景观和绿色基础设施规划，以适应气候变化和生物多样性； ● 景观保护、管理和规划的多重效益

（基于 Landscape Character Network, 2009）

们优雅、雄伟，是社会可持续发展的表现，并可能为地方社区带来经济利益。而也有人可能认为它们有碍观瞻，除了不美观的原因以外，还认为风力发电是未经验证的、低效的技术（Selman, 2010a）。

各种各样的原因似乎都在影响着人们对景观变化的响应措施（Natural England, 2009a）。首先需要了解，该变化是单一的还是普遍的，是微小的还是引人注目的。引人注目和（或）普遍的变化往往最容易被察觉到，而微小变化的累积，或许也能使其变得引人注目。其次是变化在多大程度上影响了人——是满足还是担忧，这取决于变化对他们或他们认识的人的影响。但是，一些不那么直接的变化可能会产生间接的、扩散性的或后置的影响，从而导致不确定性，引发忧虑。最后是人认为自己在多大程度上影响了变化。比如说，该变化是由强大的外来投资者推动的，还是由当地的社会企业家推动的？除了景观变化外，人们的态度也会随之发生变化。有些格局变化最初可能会遭遇广泛的抵制，但慢慢会得到社会认可；有些格局变化之初可能很少有人关注，但后来可能会遭到反对。无论是实际的景观变化，还是人类对变化的响应发生了变化，都是难以预料的。

景观的脆弱性和恢复力

一个针对景观连接问题的关键探讨是——变化对恢复力的影响。广义上，可以认为一个支离破碎的、退化的景观在面对未来压力时难以恢复，但恢复其功能上的连接，往往能够提高其适应力。最近，大量的政策和科研热点集中在恢复力的概念上（Walker and Salt, 2006）。一些恢复力相关理论的关注点是社会－生态系统的适应性。如前所述，“社会”是人类维度的总称，如文化、社会、经济和学习，而“生态”的应用同样十分广泛，包含所有生物和物理环境系统。可以说，社会－生态系统与文化景观有许多相似之处，因为景观是融合社会和生态的动态舞台（专栏3.2）。

专栏 3.2 社会 - 生态系统与文化景观的主要相似点（基于 Selman, 2012）

社会 – 生态系统和文化景观：
- 由社会子系统（政府、经济、人类、建筑）和生态（生物、物理）子系统组合而成；
- 拥有系统内部而非外部的治理和管理机制；
- 如果它们要通过不同的适应周期进化，以维持人类的幸福感，并继续提供关于明智使用的信息，就需要对缓慢变化的变量进行保护；
- 即使相关的生产和消费活动发生了变化，在其适应性周期演化的过程中，也要保留关键形式和功能；
- 可能以相对不可预测的方式在一段时间内转变为替代稳定状态，以应对内部和外部的变化驱动因素；
- 过度开发可能会导致其较不理想的状态，并可能会被证明非常难以改变；
- 通过尺度的扩大 / 缩小（例如，当地生物多样性对全球气候变化的响应）和跨尺度（例如，与邻近农业体制的联系），不断地与各种时空尺度交叉；
- 可在社会和生态子系统内自发地产生良性循环，从而在可持续创业、食品安全、社会资本和心理健康之间产生协同作用；
- 由共同的内部要素定义，如空间系统属性（大小、边界）、生态系统演替的空间变化、子系统及其相互作用；
- 对空间连接度、跨界能量和营养补贴、空间驱动反馈等共同外部因素敏感；
- 拥有一定程度的恢复力（取决于组成部分的数量和性质及其相互关系）、经受变化的同时保持系统特性和记忆的能力以及内在的适应潜力和学习潜力；
- 具备“涌现”品质——“涌现”源于不连续的过程以及不同尺度自适应周期的相关阈值

社会 – 生态系统这一概念在阐释生态系统的动态性方面特别有效，自然和人类的影响会导致生态系统向不同状态倾斜。到达“临界点”的社会 – 生态系统，对于人类和生态而言可能都不理想。因此，决策者可能会寻求一种更具恢复力和适应性的系统，为其内部的制衡提供“空间”，以降低发生灾难性转变的概率。需注意，尽管随着时间的推移，演化过程能够带来创造性的恢复，但纯自然的系统过程，可能会给生物多样性带来灾难。本章所说的过程包括人类的不良影响，这些过程严重损害了生物多样性。促进恢复力涉及两大类措施的转变：其一，规划师和管理者不再试图阻止变化，而是致力于使系统具备适应短期冲击和长期渐进变化的条件；其二，土地使用者和保护管理人员被视为系统不可或缺的部分，而非外部控制者。

景观是人类和生态系统相结合的环境，这些系统支持着一系列功能。在自然状态下，如果时间够长，这些系统往往具有再生性。然而，在社会 – 生态系统中，特别是在人类对其的使用不够明智、不够敏感的情况下，这种再生过程可能会很快退化。可以说，过度简化的社会－生态系统的特点是，人们对其的使用总是局限在狭窄的功能范围，这拉低了景观 / 生态系统服务的总体水平。在这种简化的系统中，相互之间的联系被破坏了。这既影响了自然系统的物理连接，也影响了人与地方的连接。有人认为，多功能景观更能够从变化中恢复，适应未来冲击，主要是因为它们调用了人类社区的智慧管护，这种可能性将在后文进一步讨论。景观的一些价值可能会伴随着恢复力的降低而损失，这不容易被社会察觉，因为损失往往发生在那些没有直接市场价格的服务上。事实上，许多单一功能的景观似乎具有很高的价值，因为在人为的能源和材料的充分支持下，它们能够保持所需产品和服务的高产出。然而，从长远来看，不可持续的使用可能反而会降低经济价值。

政策关注的另一个关键点是可持续性的概念。这是现在的主旋律，可以将其视为现代社会组织自身的主要“叙事”之一。可持续性仍然是一个难以捉摸和有争议的概念，基于景观的理解的复杂性，景观可持续性的概念几乎变得难以理解。通过以下几方面看待景观可持续性会有实际帮助。

● 环境可持续性——生物多样性景观能够在可管理和可接受的风险和危害程度内进行自我调节；

● 社会可持续性——包括景观品质和景观风险的“公正”分配，以及丰富的记忆、依恋和“良好”的社会资本；

● 经济可持续性——经济实践能顺便为景观“付费”，景观有助于维持就业（如通过绿色旅游），支持嵌入式经济实践，生产健康、可追溯的食品；

● 审美的可持续性——视觉审美和生态审美相吻合，通过景观的外观来“感知”生态弹性；

● 政策可持续性——治理模式是透明的且具有包容性，在政府机构和纳税人可接受的资助水平内，提供物有所值的服务（Selman, 2008）。

因此，维持文化景观的多功能性是“培育固有资源”和“适应动态驱动因素”

之间的平衡。如果脱离了周边的依据和他人的智慧，景观将难以被明智地保护。有些景观已经严重退化，如果它们要为自然和社会提供具有可接受价值的生态系统服务，就需要联合干预。

景观重新连接的一个关键论点是，景观中功能的广泛恢复可能使其更具恢复力，更不容易被未来的冲击影响。在实践中，则更可能适应扰动、恢复动态平衡。正如下文即将提到的，作为一般术语的“恢复力”与更正式的“恢复力理论”（resilience theory）的概念之间是有区别的。

本书假设景观系统中的连接是广泛存在的。然而，在恢复力相关文献中，社会－生态系统连接度过高可能具有耗散性，即系统变得“脆弱”并容易“反抗”（revolt）。这指的是不同的“连接”（connection）概念，尽管术语可能会引起混淆。例如，如果一个拥有脆弱物种的小型、孤立的自然保护区高度依赖于众多特定关系的持续性，如昆虫生命周期中特定阶段的进食需求——那么一个小小的变化（如气候变化导致的季节提早或推迟）就可能导致生态系统模式和生态系统过程发生重大改变。同样，在高度改良的生态系统中改变管理干预措施，如牲畜放牧的集约化（或非集约化）可能会产生许多后果，这是由于不同的植物和动物之间有许多脆弱的联系，土壤和水文影响也是原因之一。社会资本或许可以作为进一步的类比——强稳的紧密型和跨越型社会资本可能能够帮助社区抵御危机，在逆境中团结一致，在机遇中合作创业。相比之下，当一个地方的政治和经济高度依赖谈判协议和契约关系，便极易失去信任或受到意外影响。2008年后的西方金融危机通常被认为是由过度连接造成的脆弱性导致的，一国经济和金融机构的成功或失败与国际债务负债之间的脆弱或有事项（contingencies）有关。因此，有理由认为，广泛而深入的互惠将促进具有适应性、稳定性的新形式的涌现，但依靠大量权宜之计可能终将导致系统的失败。

尽管恢复力及对应的脆弱性已成为众多政策领域的核心概念，但在环境领域却没有一个常用的定义。环境、食品和农村事务部（the Department for Environment, Food and Rural Affairs, 2010）提出，环境的恢复力能够在抵御变化的同时仍然为人们提供“生态系统服务”。该声明基于迪莫斯（Demos）对恢复力的解释，即个人、社区或系统的适应能力（能够让功能、结构和认同维持在可接受的水平）（Edwards, 2009）。恢复力意味着系统有能力反弹，或恢复到某种准稳定态。

伍德罗夫（Woodroffe, 2007）在论及沿海系统的恢复力时提出，“脆弱性”是指海岸可能受到冲击影响的程度，或它无法承受冲击后果的程度。这种影响可能来自自然事件，如风暴或洪水，也可能来自人类行为和人为事件。在沿海地区，主要的气候变化越来越受海平面上升的影响，尽管还有其他各种相关影响。脆弱性是多层面的，既包括海岸的物理和生态反应，也包括经济、体制和社会文化层面。可将海岸视为一个自然和社会经济相互关联的系统，具有易感性（susceptibility）和敏感性（sensitivity）。易感性是指由系统天生条件决定的易受影响的程度，而敏感性是指系统的反应能力所导致的改变或失败的可能性。其天然的反应能力可以从海岸的抵抗力来看，包括材料的机械强度、结构和形态上的抵抗力以及对海洋能量的过滤能力。然而，海岸的总体恢复力，即抵御功能变化或过程变化的能力，既与本质上的易感性和敏感性有关，也与对海岸管理过程的一系列社会、文化和制度投入有关（McFadden, 2010）。

生物多样性方面的恢复力被认为是一组相互加强的结构过程持续存在的能力，而非这组结构过程围绕着另一组结构过程的变化及组织化的能力。恢复力在特定生态组织中指的是系统在被迫重组之前所经历的变化量（The Wildlife Trusts, 2007）。有人认为，若环境、社会和经济接近“临界点”（tipping points），其恢复力将会丧失。例如，伦敦气候变化项目（the London Climate Change Project, 2009）指出，气候变化可能会加剧其他因素对生物多样性的威胁。换句话说，气候变化带来的环境压力可能会导致系统突破临界点，因为系统恢复力已被其他因素侵蚀。生态系统及物种恢复力正受到下述破坏。

- 管理缺失，导致灌木丛被侵占（如半自然草地生境）；
- 富营养化和污染，如全国水獭数量的减少与多氯联苯和有机氯杀虫剂的污染密切相关；

- 过度抽水，如对白垩含水层的流量供给的影响；
- 空气污染物，如城市区域地衣植物群落由于易受空气污染影响而变得匮乏；
- 现有生境破碎化，导致种群数量剧减，种群数量太小和种群隔离使其无法长期存在；
- 人口增长，人在水和土壤等共享的自然资源上与野生物种形成了竞争，同时，游人数量带来的环境压力对敏感物种形成了干扰。

《劳顿审查报告》（*The Lawton Review*, *Lawton et al.*, 2010）中提出，“连贯的生态网络”意味着生态网络中具备了能够实现其总体目标所需的全部要素——所选的构成部分是互补且相互强化的，使得网络的整体价值大于其部分之和；“具有恢复力的生态网络”意味着生态网络在自然扰动（natural perturbations）和人类活动（包括气候变化）干扰、破坏的压力下，有能力吸收、抵御干扰或从中恢复，与此同时保持系统的总体目标——支持生物多样性并提供生态系统服务。《劳顿审查报告》的主旨是“为自然腾出空间”，以减少破坏生态的土地利用方式对自然的破坏和限制，促进新的连接、迁移活动和社区的繁荣。

可以这么说，恢复力理论的目的是为了促进社会－生态系统管理水平，在一定程度上避免其发展到难以恢复的不良状态。一个重要观点是，经济和政治系统（及其相关的自然资源管理系统）往往通过预测模型（基于过往发展趋势）来预测未来的情况，而后根据偏好控制变量。相比之下，恢复力理论认为超复杂的系统（hyper-complex systems）是无法预测的，也无法从“外部”进行控制，因而其存续将取决于恢复力及内在能力（innate capacity），使其得以从未来冲击中恢复，这种冲击有时是不可预测的。

这种两难的局面可以联系到美国国防部前部长唐纳德·拉姆斯菲尔德（Donald Rumsfeld）著名的外部环境“已知 / 未知”分类法（图 3.2）。自然资源规划和管理往往会通过一种“已知的已知”（known knowns）的前提假设来管理预测出的问题与机会——基于已知的过往发展趋势来构建未来预测模型，这样就可

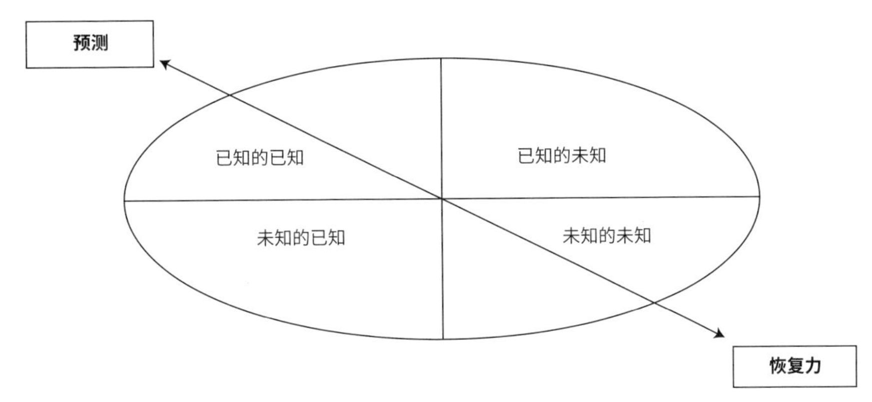

图 3.2　未来环境的“可知”与“不可知”
（基于 Rumsfeld 的观点，广泛认为他是该观点的提出者）

以将测试良好的工程方案应用于实际。有时，信息是“未知的已知”（unknown known）——这些信息在某种程度上是已知的，但一些需要这些信息的人可能不知道，例如与用地发展趋势相关的军事卫星图对民众是有价值的，但民众不一定得知。有时候，一些因素显然会给人类社会带来挑战，但其表现方式不可知，即“已知的未知”（known unknown），例如，沿海地区风暴潮会带来何种风险后果难以预料。然而，未来可能还有一些严重冲击是无法防备的，因为人们甚至不知道它们会是什么。大体而言，思维方式在上一代已从“规划管理已知的已知”转变为“为未知的未知（unknown unknowns）做准备”。后者只能通过建立广泛的社会–生态恢复力和适应力来解决，而不是依靠具体的预测和调控措施。因而，恢复力理论正在引导目标是：加强、恢复景观的功能和服务，提倡社会学习和制度学习。

构建社会恢复力

社会恢复力可以通过各种方式积累，例如通过能力培养和应急预备（Berkes et al., 1998）。社会恢复力的核心是社会学习的过程，同时还有制度学习；在与环境有关的语境下，这些有时被称为可持续性学习。吉金斯等人（Jiggins et al., 2007）将社会恢复力定义为一种面对突发事件的适应方式，由于一些驱动因素，如气候变化和洪水，具有不可避免的不确定性，因此这是不可缺少的品质。他们特别提到了荷兰的案例：历史上，荷兰设立了防洪政策，而现在人们越来越意识到“给水留出空间以恢复新的平衡”的重要性。在一个拥挤的国家，空间已被各类使用者和功能占据，这显然会带来重大挑战。然而，新出台的政策已意识到，水管理计划的制定，不该仅依靠专家和过往经验。因此，需要有新的制度安排。他们认为，当未来的政策方向、新方法和假设都不明确时，“双环学习”（double loop learning）就变得很有必要。其特点是，提出问题，探究认知框架以及行为中所蕴含的基本假设，从而探索新的价值观，制定新的愿景，这可能能够从根本上改变制度行为（institutional behaviour）。

吉金斯等人（Jiggins et al., 2007）发现，社会恢复力需要的是注重价值观而非完全理性目标的领导风格，这能刺激组织性变化（organizational change）为探索新的挑战和行动创造条件。相较于层级制的人际网络，社会学习和制度学习的运作似乎需要“松散耦合”（loosely coupled）的人际网络，该网络包含新的行动者，他们在新的社会空间中相遇。组织的更新从这些互动中开始，随着时间的推移，互动变得稳定，从而成为一种新的智慧。因此，这需要强调知识的（而非技术或政策）发展，这是转化性变化（transformational change）的主要驱动力。这挑战了以往稳固的知识（stabilized knowledge），在以往，专家们认为利益相关者缺乏知识，需要专家解释，才能理解首选方案。相反，知识需要在不同部门、专业和学科的社会空间之间流动，对知识的管理需要让位于知识发展。对于习惯了传统的信息生产和传递的科学家和决策者而言，这一切都不容易（也不该是容易的），否则，实践标准的严肃性可能会受到影响。然而，随着时间的推移，新的知识发展模式将鼓励社会和制度进行必要的适应。

卡巴特等人（Kabat et al., 2006）将荷兰的“与水共生”（Living with Water）项目作为社会学习和制度学习的例证，特别提到其核心概念“气候防护”（climate proofing），包括使用传统的灰色基础设施，将气候风险降低到一定水平，为社会或经济所接受。社会能力（包括保险计划和疏散计划）也能够减轻此类风险。风暴潮屏障（storm surge barriers）被越来越多地用于洪水控制，相比于使用这种

图 3.3　荷兰盖尔德兰（Gelderland）近期建立的一个洪水草甸，用于管理生物多样性和定期蓄水

重型基础设施，“与水共生”项目战略性地转向极端气候的适应策略来对抗洪水，并在具体指定地区适应周期性洪水，对其进行谨慎管理（图 3.3）。恢复力也建立于其他气候相关变化方面（如夏季干旱频率增加），例如，当前对农民活动多样化的支持，使其摆脱传统的生产型农业。更加彻底的措施是，城市和工业活动（包括基础设施）逐步从海平面以下转移到较高、较干燥的地方，甚至建立“水都”（hydrometropole）——部分漂浮在水面上并被水环绕的主要城市，在那里，人们学会了如何与水共存并以水为生。

佩特（Petts, 2006）在报告英国城市的洪水管理经验时，提到了以合作的方式构建问题框架的重要性。在有利益相关者建设性参与的情况下，社会学习往往会通过平衡公众关注点和专家的技术论述来实现。在该案例研究中，由生态学家、水文学家、景观设计师、建筑师、用地规划师、项目经理、污染控制官员和防洪规划师组成的多学科专家团队，从一开始就面临挑战——他们需要对不同类型知识（包括来自当地社区的知识）的相对价值有所认知。过程之初，专家的知识处于典型的“缺失”模式，根据文章《最佳论证的神话》（The Myth of the Best Argument, Pellizzoni, 2001）：在这一阶段，大多数从业人员还尚未接触过公共参与过程，他们首先需要训练观察、倾听、陈述、讨论和辩论的技能。这项工作试图通过充分利用协商过程所具备的潜力，来吸纳各种不同的论点和观点，并依靠创造适当的条件并加以管理，来支持学习。这就需要对专家们解释和解决问题的方式进行探索，同时确保地方知识、公共问题及优先事项与实际可行的目标保持一致。作者认为，最有可能进行社会学习和能力建设的情况如下：专家 – 外行互动的优质时间；问题共建途径的易化、社区优先事项以及技术原则界定途径的易化；就所需行动达成一致意见，不断推进行动发展，并共同认识到实际的制约因素。

社会恢复力也可能与丰富的社会资本有关，这些资本可以投资于那些保有身份认同、依恋、自豪感、关怀和参与度的地方（Czerniak, 2007）。如前所述，城市设计师认为，“地方感”与地方恢复力和可持续性密切相关。总结政策与研究，得到的重要观点是：若社区积极参与塑造地方，则地方会变得更好；独特的地方性能够形成稳固但不排外的身份认同；通过跨越型社会资本（bridging capital），强大而自信的社区能够欢迎外来者；文化、历史、遗产和历史环境可以帮助人们了解其所在的地区；人们越积极地参与地方文化和遗产的塑造过程，地方认同感就可能越强。

恢复力理论

恢复力理论超越了通俗的恢复力概念。尽管该理论在某些方面仍有相当大的争议，但由其引入的概念和词汇已得到广泛的应用。雷德曼和金齐希（Redman and Kinzig, 2003）认为恢复力理论的重点在于“适应性系统”，换句话说，复杂

的社会 – 生态系统通常以不可预知的方式适应人与自然引发的变化。有些变化会被反馈效应（feedback effects）所抑制，系统会或多或少地恢复到以前的状态。偶尔，变化触发了“反馈放大”的效应，从而发生转化性变化，可能使系统进入另一种状态。因此，恢复力理论试图理解适应性系统中变化的来源和作用，尤其是那些转换性变化（Holling and Gunderson, 2002），并试图通过研究跨越时空尺度的动态循环来实现这一点。还有证据表明，“涌现”这一难以捉摸的景观属性往往发生在这些时空尺度的边界处（Garmestani et al., 2009）。卡明（Cumming, 2011）提到了“空间弹性”（spatial resilience）概念，这将社会 – 生态恢复力与文化景观直接联系起来。

恢复力理论的核心是适应性循环（the adaptive cycle），即资源的增长和保护之后是资源的释放和重组。可能因此形成的变化往往与经典生态系统理论中的“演替”（succession）并无二致；然而，关键是，在适应性循环中新的社会 – 生态系统不像气候顶极群落（climatic climax）生态系统那样有确定的演替模型，其涌现会更出人意料和不可预测。个体自适应周期嵌套在跨越时空的层次结构中。这些嵌套的层次结构可能具有稳定效果，能够提供具有时空周期的“记忆”，使系统发生变化后能够恢复并重新达到稳定。记忆可能既包括人类对先前事件和反应的记忆，也包括一些有关作用过程和材料的物理和生物知识库，这些知识库有助于系统的稳固。然而，有时，由于生境类型转变的自然过程或人类的破坏性干预，跨尺度的动态过程会变得脆弱。在这种情况下，小规模的转变可能会引发逆转，系统无法恢复到以前的状态，并爆发更大规模的危机。综上所述，多种适应性周期和决定其系统状态的过程被称为“扰沌”（panarchy, Holling and Gunderson, 2002）。

恢复力是指系统吸收干扰、被改变、重组后仍然具有相同特性（保留相同的基本结构和运作方式）的能力，包括从干扰中学习或产生记忆的能力。一个有恢复力的系统具备了承受外部冲击的能力，随着恢复力的下降，系统可承受的冲击越来越小。传统的政策目标（如增长和效率）会使系统陷入脆弱的僵化状态（fragile rigidities），面临坎坷的转型过程；相反，学习、恢复和灵活性（flexibility）

则会带来新奇和充满机会的世界。恢复力的管理和配置（governance）旨在让系统保持在特定的状态（states or ‘regimes’）内，以持续提供所需的生态系统产品和服务（防止系统进入难以恢复或无法恢复的不良状态），或从较差的状态转为较好的状态。各个社会－生态系统恢复力的相关概念的明确有助于在恢复导向的政策和管理中实现这些目标（专栏 3.3）。

专栏 3.3 社会 - 生态系统恢复力重要相关概念

（改编自 Resilience Alliance，http://www.resalliance.org/index.php/key_concepts）

- 非线性：基于非线性动力学，许多系统可以存在于“替代性稳定状态”中，具有独特的状态（regime）和阈值。系统的状态是由系统构成变量（如草、灌木、牲畜）的数量来定义的；状态空间（the state space）指的是基于这些变量组合出的所有可能的三维空间；系统的动态表现为系统的空间运转。因此，尽管系统的配置 / 组织方式不同，其结构和功能基本保持不变；
- 系统状态被称为“吸引盆”（basins of attraction），指一个系统的保留空间，虽然能承受相当大的动荡，但会在同样尺度的“盆”中出现恢复并重新稳定的趋势。一个组织方式需要相当大的扰动才能从一个“盆”跨越到另一个“盆”，但一旦越过阈值，系统将会在另一个不同的“盆”中重新稳定下来，而回到原来的“盆”中将会非常困难。因此，状态的替换是以阈值为标志的，这些阈值是广义的系统状态确定的关键变量。这些变量的反馈效应将导致功能变化与结构变化；
- 适应性循环——社会－生态系统与所有系统一样，从来都不是静止的，往往适应性循环发展。最简单的形式中有一种双循环，包含一个在一定程度上具有预测性且相对较长的“前环”（生长和保护阶段）和一个快速、混乱的“后环”（释放和重组阶段）；
- 多尺度和跨尺度效应（扰沌）——任何系统都不能只从单一尺度来理解或管理。社会－生态系统在空间、时间和社会组织的多个尺度上运行的（扰沌），跨尺度的相互作用对于特定尺度系统动态特征的确定至关重要；
- 适应性和可转化性——适应性是指一个社会－生态系统相对于其他替代性状态的恢复力管理能力。因此，需要确定系统状态的轨迹（在当前“盆”内的位置）和改变“盆”形态的能力（调整阈值或改变系统的扰动抵抗力）。如果社会－生态系统已经处于一种不良的组织方式中，一种选择是将其转变为一种不同的系统，例如通过具有敏感性的大规模填海或追求有本质差异的经济活动模式；
- 普遍恢复力与特定恢复力——特定恢复力是指系统中某一部分对某一特定事件的恢复力，但对于复杂系统未来的不确定性，有必要建立更普遍的恢复力

恢复力理论的基本假设非常复杂，但其本质可以概括为三个关键特征：首先，生态系统的变化既不是连续的、渐进的，也不总是混乱的；相反，它具有偶发性，在自然资本缓慢积累的过程中，这些遗存物（legacy）的释放和重组会打断自然资本的积累。这种偶发性行为是由快变量（fast variables，如野火）和慢变量（slow variables，如土壤发育）相互作用进行的。其次，时空属性意味着系统行为在不同的尺度上有所差异，并且会对非常细微的差异产生不同反应，因此不可能通

过简单的缩放来预测系统的行为；在各个尺度上，模式和过程都是零碎的。再次，恢复力理论与生态系统经典模型形成了鲜明对比，后者假定生态系统通过不同阶段（演替系列，seres）向气候顶极群落生境发展，而后通过稳态控制（homeostatic controls）来维持微妙的动态平衡，这是一个可预测的过程。最近的生态学理论表明，一个生态系统并不会发展为稳定的单一平衡状态，相反，可能存在多个平衡，即不同但同样稳定的状态。谢弗等人（Scheffer et al., 2001）指出，即便在看似非常稳定的景观中，其外部条件通常也会随着时间的推移而逐渐改变，如气候、养分输入、有毒化学品、地下水枯竭、生境破碎化、采伐或生物多样性损失。在实践中，一些生态系统可能会平稳、持续地对这些趋势做出反应，而另一些生态系统可能在起初几乎没有反应，但当条件接近某个临界点时，又会突然做出巨大反应。平稳的变化和突然的变化都可能使得社会-生态系统超出临界阈值，从而形成不同的系统状态。

因此，对于现有的观点——一个群落会逐渐朝着独特、稳定的顶极群落发展是一个不可避免的自然过程，恢复力理论学者提出了质疑。他们认为，在某些环境条件下，生态系统可能拥有两个或更多的替代性稳定状态，并由一个不稳定的平衡所分隔，该平衡是这些状态所对应的“吸引盆”之间的边界。不同的替代性稳定状态通过组织方式的转变来区分，这些状态之间存在延迟或惯性，被称为滞后性（hysteresis）。因此，即使系统已越过临界点，系统的惯性可能也会推迟组织方式的转变，因此危机的显现可能为时已晚，要将组织方式的转变扭转回先前的状态，将要付出巨大的努力。不当的用地政策和土地管理方法可能会引发系统的脆弱性或过度连接，最终导致系统发生“逆转”，若人们用固定的方式从生态系统中获取恒定的产量，而不考虑复杂的地方敏感性时，这种情况尤其容易发生。这种用地措施将使适应性周期失去灵活性，导致系统的恢复力越来越弱，从而在面对曾经可承受的干扰时突然崩溃。

由于生态系统的目标在不断变化，规划和管理必须灵活，能够适应关键生态系统和社会功能的规模。恢复力理论的一个核心是，个体、制度和整个社会都需要学习如何从过去的经验获得知识以及如何与一些自然灾害和不确定因素共存。对此，雷德曼和金齐希（Redman and Kinzig, 2003）提出了一个有趣的视角，他们用恢复力理论解释了长久以来的社会变化。他们利用丰富的考古学证据（特别是“两河流域”美索不达米亚和美国西南部沙漠地区的案例研究），研究了社会－环境关系的完整周期。结论发现，增强恢复力的关键在于提高人们对“恶化预警信号”的理解能力，提高人们的适应能力。这就需要更充分地了解信号涌现的临界标准，并发展更快的响应制度。

博利格尔等人（Bolliger et al., 2003）提到了在景观演化过程中发生的自组织，其中系统属性的短暂涌现是由系统本身的变化在内部驱动的。这将有助于解释为什么文化景观的许多最理想的品质，如独特性和多功能性，都是涌现的属性（emergent properties）。自组织会同时发生在不同的尺度上。虽然“景观尺度”的概念仍然是重点，但景观尺度并不单一存在，而是跨越多个尺度相互作用的扰沌。为了维持生态系统服务的多样性，社会－自然需要足够的空间、地点和时间，以便在多功能景观中以可持续和具有恢复力的方式运作。

替代性稳定状态的存在对生态系统应对变化的方式有着深远的影响。当一个社会－生态系统的状态处于折线上支时，它不会随着变化平稳过渡到达下支（图3.4）。相反，当条件变化大到超出阈值（F_2）时（称为鞍节点分岔（a saddle-node）或折叠分支（fold bifurcation）），系统状态就会跳跃至下支，从而引发灾难性转变（即转化型变化）。虽然下支中的状态可能同样具有稳定性和抵抗变化的能力，但其复杂性可能也较低。由于系统的复杂性通常对各类生命的支持有益，并使其更好地适应变化过程，因此，下支状态中的恢复力可能较差。转变发生之前，系统状态往往几乎没有变化。受系统滞后性的影响，灾难性的转变通常会在不经意间发生，并且很少在早期发出预警信号。另一个重要的特征是，为了使系统回到上支状态，仅仅将变化的环境恢复到崩溃发生之前的条件是不够的，而需要不断恢复直到越过第一个转换点（F_1）。如果认为原来的系统状态是比较好的，那么恢复这种状态就需要付出巨大的努力，而且事实证明，这可能真的做不到。在自然界中，例如恶劣天气这样的随机事件会导致系统状态发生变化。如果一个系统只拥有一个吸引盆，那么在受到这些扰动并且稳定了之后，

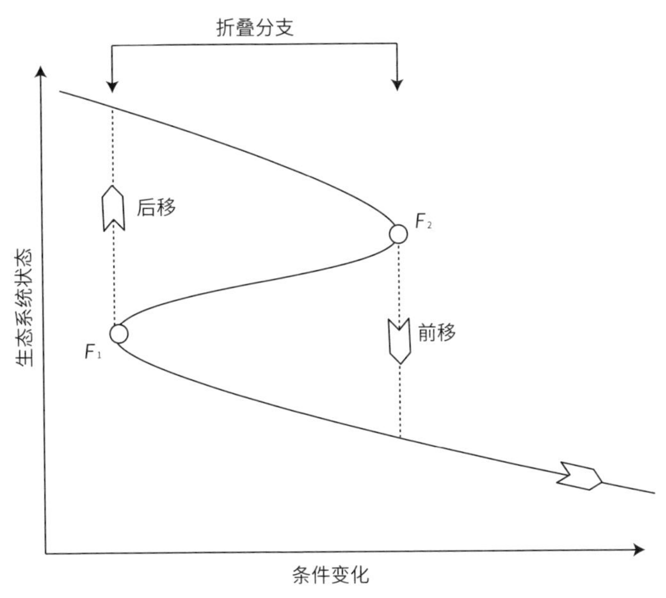

图 3.4　社会 - 生态系统的转化型变化
（基于 Scheffer et al., 2001）

会回到基本相同的状态。而若系统存在替代性稳定状态，则足够严重的扰动或能使其进入另一个吸引盆中。恢复力理论学者已将系统的稳定性与系统状态所处的吸引盆尺寸（等同于系统向另一稳定状态转变之前可以采取的最大扰动）联系起来。

谢弗等人（Scheffer, 2001）指出，在具有多稳态（multiple stable states）的系统中，逐渐变化的条件可能对生态系统的状态影响不大，但可能会导致吸引盆的尺寸缩小。这将导致恢复力丧失，使系统更加脆弱，更容易被随机事件影响，使状态发生巨大变化。生物多样性保护管理的关键问题是：系统稳定域（stability domains）通常取决于慢变量（slowly changing variables），如土地利用、营养物质存量、土壤性质和长寿生物的生物量。这些因素可以被预测、监测和改变。然而，引发系统状态转变的随机事件，通常难以预测，难以控制。传统的保护管理手段往往关注如何去避免随机变化产生的不良后果（如严冬和野火），或如何对不良后果进行修复。然而，恢复力理论表明，若要获得持久的胜利，根据生态系统的状态需求，建立基础恢复力（the underlying resilience）可能更重要，换句话说，需要确保慢变量的健康和功能，使吸引盆尺寸得以维持。虽然社会－生态系统中存在稳态维持力（homeostatic forces），但也存在稳态破坏力（destabilizing forces），如滑坡和微气候变化。稳态破坏力对多样性、灵活性和机会的培育非常重要，而稳态维持力则对有助于维护生产力、固定资产和社会记忆。这种广泛的方法可以从"以保护生物多样性为目标的自然生态系统管理"扩展到"以人类生存和幸福感为目标的社会－生态系统规划管理"这一更大的挑战中去。

大体上，恢复力理论对于维持文化景观的适应能力的意义可以归纳为三个原理（Walker et al., 2002）。其一，恢复力理论关注的是，一个系统经受的变化（承受的压力）要在什么样的范围内，才能大体保持其功能和结构，并留在同一吸引盆（域）中。其二，一个系统的特征是它在多大程度上能够自组织。一些系统的反应只有在管理决策者对某些系统变量进行控制时才会发生，而系统的"自组织"程度越高，管理者需要投入的就越少。其三，系统的学习能力和适应力大小。总的来说，恢复力是指系统在受到干扰的情况下，仍能保持某种特定配置并维持其反馈和功能的潜力，包括系统在变化后的重组能力。适应力是恢复力的一个方面，体现在学习、灵活性、试验和新的解决办法等方面，它需要对各类挑战做出普适的反应（generalized responses）。

社会－生态系统再生：构建恢复力

恢复力理论认为，文化景观的政策和管理应着眼于其应对各种干扰（包括意外情况）更普遍的恢复力，这就需要在系统中建立适应力。与社会资本一样，恢复力可能并不总是好的：一些导致社会福利降低的系统配置（如污染水供应或独裁专政）会在一个稳定的吸引盆中展现出恢复性系统的许多特征。与社会资本一样，恢复力有好有坏。一些不理想的社会－生态配置可能在具有恢复力的同时又具有抵抗性，这需要一个社会人口的检验标准来判断该系统的恢复力是否适宜。因此，有人建议，促进恢复力的措施应依据可持续性原则进行检验，包括社会正义的原则（Selman, 2012）。虽然可持续性是一个有争议的概念，但它已受到社会和政府的广泛讨论和认可，可以合理地将其看作一种普遍的社会共识。相应地，关于景观的决策应该尽可能地民主化，随后的章节将会讨论，在社区参与和社会学习机会的支持下，如何通过设置景观品质目标来实现这一理念。

正如所见，自然资源管理方法的传统目的是预测这些管理可能产生的影响以及气候等外部因素的影响趋势（Walker et al., 2004）。这些方法还倾向于“管理者从外部管理系统”的假设。通常，这种方法在短期规划中能够产生积极作用。然而，恢复力理论学者认为，若规划追求的是长期的可持续，将环境看作一个单体（如自然生态系统或农业生态系统）是不合适的。这在很长的时间范围内，不确定性很大，而这种不确定性可能很难随着系统的变化速度来减少。恢复力的构建涉及两点：一是在系统受到干扰时，维护系统功能；二是在系统面临重大干扰导致结构功能的本质变化时，维护那些需要更新或将要重组的元素。

沃克等人（Walker et al., 2002）提出了一种社会－生态系统恢复力的管理方法。认识到社会－生态系统的高度不确定性，提倡利益相关者的密切参与，以便相关代表能够参与系统关键属性的确定以及系统的发展轨迹的规划。方法的四步框架如下：

- 首先由利益相关者主导来开发该系统的概念模型，包括提供其历史概况（如何变成现在这样的）以及对变化驱动因素（影响重要生态系统产品和服务的）进行初步评估；
- 确定一系列不可预测和不可控的驱动因素、利益相关者的未来愿景，并相应地对照可能的未来政策，将这三类因素编织成一组有限的未来场景；
- 在这些步骤之后，再评估社会－生态系统的恢复力，这将涉及简单的系统动态模型构建和迭代，以探索恢复力影响属性，并对系统恢复力的决定要素进行定量分析；
- 根据科学家和利益相关者的意见，对管理措施和政策影响进行评价。

鉴于人们对复杂系统表现方式的理解存在局限性，相比于对系统进行控制，沃克等人更关注的是如何学会在系统中生存。恢复力理论学者认为，这一点能够通过维持或提高系统的恢复力来实现。构建恢复力是要付出代价的，因此，只有在需求足够强烈的情况下，才会针对特定的社会 – 生态系统，以适宜的方式进行。因此，重要的是对恢复力的分析，发现如何加强社会 – 生态系统的恢复力以应对冲击，以及如何在遭受重大冲击时更容易自我更新或重组（表 3.2）。通过科学家、政策制定者、从业者、利益相关者和公民共同探索的过程来理解恢复力的丧失、构建和维持，是维持可持续性的核心（Gunderson and Holling, 2002）。恢复力管理的目标是防止社会 – 生态系统形成不良配置，这就需要对恢复力在系统中的位置、恢复力何时会丧失以及如何丧失有所了解。

表 3.2　自然资源管理经典理论与生态恢复力理论的差异

自然资源管理经典理论	生态恢复力理论
假设生态系统演替沿着环境梯度向气候顶极生态系统移动，且该过程可预测	在社会 – 生态系统中，相应的假设是系统具有“滞后性”，即在同等环境条件下，存有替代性稳定状态的可能性，而不只存在一个演替阶段或顶极阶段
假定演替系列间的生态演替是一个平稳的过程	不同稳态之间的转变可能受到阈值 / 相移（phase shifts）/ 组织方式转变的影响，这些转变可能是突然的、不可逆的和离散的
一些快速变化的环境条件中，重要参数的变化速度可能比信息更新信息或概率分布计算更快。开发更复杂的预测模型（包括动态和未知概率下的决策制定）可以应对这种快速变化的环境条件	应对快速变化的环境条件需要的不仅是传统的自然资源管理模式，更重要的是，在非常不确定的情况下，应集中精力应对发展的需要
承认决策制定往往是基于不完全认知的，却广泛假设消费者消费商品和服务的“合理性”	恢复力理论学者强调代理人的“有限理性”，他们并不总能也不总是采取经济理性的方法或收益最佳的方法
假设重要的概率分布（probability distributions）和效用函数（utility functions）是已知的	许多重要的概率分布是未知的，对于效用或损失的衡量而言，简单的衡量方法尚不存在，因此无法充分捕捉系统中不同利益相关者的所有价值，而且一些效用函数还没有被构造出来，因为利益相关者可能并不知道他们有什么利益

续表

自然资源管理经典理论	生态恢复力理论
专注于改进决策分析和优化方法（如：决策支持系统，成本效益分析，多准则分析）	决策分析方法无法了解人们有多大能力来对未来预测做出反应（即提出新的未来愿景，并据此采取行动）；尽管决策模型可能能够给出有价值的结果，但这些常被与政治周期有关的急功近利和实用主义所否定
通过概率预测模型优化资源分配	当实际系统行为与模型描述（model representation）差距太大时，预测就会失败（一般是由于初始条件的细微变化都会对模型结果造成影响）
市场的不完善和市场失败是例外	市场有缺陷是常态，因此市场化估值通常会导致误解
民主正当性（democratic legitimacy）可以通过消费者偏好函数在模型中体现出来	代理人依据自己的偏好选择方案（消费束，consumption bundles）以及支配这些方案的社会、经济和政治过程，因此大多数利益相关者不满足于在这个过程中被一个纯粹抽象的效用函数所代表，并期望拥有更多的民主正当性
在征询公众意见后，专家可以确定最好的发展方式，而市场将合理调节资源使用	许多重要的生态产品和服务没有明确的产权，因此不存在市场。决策过程需要激发对未来的创造性思考，并允许利益相关者（作为社会 – 生态系统的一个组成部分）和研究人员同时参与，来比较不同的未来发展路径。市场无法解决恢复力丧失问题，因此，对于模糊且不可预见的变化，需要通过丰富的想象力来探索其解决方案，来提高特定社会 – 生态系统的恢复力

（摘自 Walker et al., 2002）

小　结

文化景观在不断变化，变化速度和变化趋势取决于各种变化驱动因素的性质。变化驱动力并不总是坏的，事实上，我们常常可以利用发展趋势和土地管理趋势来创造有趣的新景观。然而，欠考虑的变化可能会破坏社会系统和自然系统内部及二者之间的重要连接，并削弱景观适应未来“冲击”的能力。公共政策本身既是变化的驱动力，也是变化（指社会经济压力所引发的变化）的控制和转移机制。

景观的适应性要求其具备恢复力。恢复力往往涉及物理系统、生态系统及其在理想的组织方式下发挥了多大作用。同样，必须通过在社区、组织和政府层面建立知识、培育能力来发展社会恢复力。如果没有内在的恢复力，社会–生态系统就会变得脆弱，将会发展出不同的或不太理想的状态。

景观恢复力的建立需要强化社会、生态和经济的结构和过程，使其能够在受到干扰后重组，也需要减少那些很可能对景观恢复力有破坏作用的干扰。然而，目前仍有两个主要领域的问题缺乏了解。其一，不同类型系统的阈值目前还只有一个初步概念，尤其是当阈值和临界点还未呈现且处于“未知”的范畴时，就需要提高对其的认知；其二，针对生物的物理变化和社会变化，社会–生态系统的应对措施随时间推移的演变规律需要得到更全面的理解。理解这种演变对于制定政策至关重要，这将能够让社会–生态系统沿着首选的轨迹进行自组织。总的来说，若要维持文化景观的恢复力和可持续性，就需要足够的连接度和空间来支持其间联系、动态过程、组织过程和适应性。

第 4 章
景观中的物理连接

引　言

物理景观有许多功能，其中三个重要组成——空气（尤其是城市大气空间）、水（尤其是洪泛区管理）和土地（尤其是植被和生境）在景观尺度上系统地运作，是景观重新连接的重点。本章将探讨这些物理系统内部及不同系统之间的断连问题和重新连接的潜力。

空　气

空气似乎是一种能够划定边界、能被管理的资源。然而，一个多世纪以来，空气的性质，尤其是空气污染，一直是一个实质性的政策问题。特别是与全球变暖有关的气温挑战越来越受重视，且已成为空间规划战略的考虑因素（Davoudi et al., 2009）。显然，全球正在变暖，其原因至少有部分是人类活动所导致的二氧化碳等温室气体的排放。虽然这一问题的政策解决方案有一部分是技术和经济层面的，但其中工业生产和家庭生活过程中温室气体的减排方法，也有一部分与景观有联系。一方面，树木和其他植被有助于适应气候变化，尤其是在出现城市热岛效应的地区，植被能为人、植物和动物带来更舒适的生存条件。另一方面，植被的碳汇（carbon sink）作用有助于缓解气候变化。

前文指出，城市大气空间的功能需要得到关注。夏季的炎热气候会降低人的舒适度，增加热应力（heat stress），并在极端情况下导致死亡率上升。2003 年的欧洲夏季热浪，约有 35 000 人因此而死，此外还导致了生产效率降低，住院率上升。到 2040 年，将近一半的英国地区的夏季预计会比 2003 年更热，到 2100 年，2003 年夏季那样的温度可能会被归为“凉爽”（Chartered Institution of Water and Environmental Management, 2010）。虽然有植被能够缓解这些问题，但水资源供给减少、干旱频率增加将限制植被的功能。值得期待的是，可持续的水管理措施和洪水风险减弱方法能够维持绿色空间的功能（这说明了相互连接（interconnections）的重要性）。增加公园和绿色空间、水池和喷泉以及改变建筑材料，是减少城市热岛效应的部分策略。植被通过蒸腾作用帮助遮阳和降温——水体蒸发可达到显著的降温效果。虽然大型城市公园仍然应该是保护和建设的目标，但不必强调面积，因为通过精心规划的绿廊、小型开放空间、行道树和屋顶绿化，就可以达到相当好的降温效果。根据未来的气候条件选择植被也是必要的——若绿地变成了棕地，则降温作用将不复存在，因此，物种能够很好地适应未来气候是很重要的。

拉夫特扎等人（Lafortezza et al., 2009）研究了绿地的气候改善作用，例如，为人们提供舒适的户外环境。在意大利城市和英国城市的比较研究发现了人们如何利用绿色空间来缓解热应力带来的热不适感（thermal discomfort）。在非常炎热的气候条件下，成熟的树木提供的荫蔽可以让地表保持在 15℃左右的凉爽状态。一个可行的适应性策略是种植更多耐旱树种，尤其是适合当地的耐旱树种，在地中海地区的开放空间里，这是一种很典型的做法。因此，行道树的生长条件需要得到改善，以满足生根空间和灌溉需求。在这种情况下，新型可持续灌溉方式可包含雨水收集、灰水[①]再利用、洪水储存和城市含水层利用（一些地方的含水层因停止抽水而上涨）。

无论未来的缓解措施是否有效，过去和当前的碳排放累积仍然会不可避免地导致一些气候变化。因此，建议引入一系列适应性措施，包含一些景观措施。英国特许水务与环境管理学会（The Chartered Institution of Water and Environmental Management, 2010）指出，英国城市很可能受到热浪、洪水和旱灾的影响，影响

① 译者注：灰水（grey water），指从盥洗室、洗澡间和厨房等流出的洗涤废水。

指标包含发生率、严重程度和持续时间，认为地方政府和中央政府应致力于开发新项目、改造旧项目，使之能够适应地表洪水并起到降温作用，使未来城市气候更加舒适，且更能适应极端天气。城市地区人口最为密集，受气候变化的影响也最大。城市绿色基础设施可以通过多种方式来降温、降低风速以及促进自然排水，让大众受益。德国斯图加特（Stuttgart）基于气候的规划表明了城市大气空间重新连接的益处。其重点在于对空气自由流动区域的保护，以改善空气质量，减少城市热岛效应。在城市中，划定一系列的风道（wind paths），让温度较低的山地气流进入城市，风道区域设为禁止建设区域；禁止大规模树木砍伐，使得城市绿化覆盖率达到 60% 以上。一些其他城市也制定了相应政策，在树木种植和绿地建设方面做出数量要求（Hebbert and Webb, 2011）。

威廉姆斯等人（Williams et al., 2010）在构建社会恢复力过程中的要求方面做出了补充。在郊区，由于土地和建筑的所有权和管理非常分散，景观方案最终往往被改成了住宅方案，这个问题被特别强调。用地变化的速度非常缓慢，因而重新设计新的可持续性方案的机会有限。因此，这种方法需要关注如何调动社会大众去积极适应，有效协调多方行动者和伙伴关系，发展政治意愿，使公众接受并鼓励人们改变行为。

吉尔等人（Gill et al., 2007）在英国大曼彻斯特地区（Greater Manchester, UK）针对绿色基础设施和城市热岛效应之间的联系，开展了最为全面的研究。研究利用了一个能量交换与水文模型，对当前及未来气候条件下地表温度、地表径流与绿色基础设施的关系进行分析。通过绘制城市形态类型（urban morphology types, UMTs），而后进行地表覆盖率分析来描述城市环境特征。城市形态类型能够作为城市景观类型的有效替代，因为景观特征与物理形态密切相关。每种城市形态类型都具有独特的物理特征和人类活动，因此可以探究自然过程和土地利用之间的联系。对城市形态进行大类分类，以提供初步的指示，作为发现绿色斑块（如正式和非正式的开放空间）和绿廊（如在交通路线旁）的依据。在建筑基质内，基于对城市形态类型更细致的分类来估计更加精确绿化覆盖率，结果表明，大曼彻斯特次区域的 72% 或其城市化区域的 59%，由蒸散面（即植被和水）组成。各类城市形态的平均蒸散面超过 20%，但差异很大，小到城镇中心的 20%，大到林地的 98%。总的来说，树木覆盖率相当低，平均值约为郊区的 12%，但在城镇中心则低至 5%。住宅区的地表覆盖率的差别也很大：在高密度住宅区，硬质地表（即建筑物和其他不透水的表面）覆盖面积约为 2/3，而在中密度地区则约为 1/2，低密度地区为 1/3。相应的树木的平均覆盖率分别为 7%、13% 和 26%。对其进行模拟，以探讨未来一系列温度和干旱情景下，增加或减少关键地区植被的影响。这些模型证实了地表温度与绿色覆盖率之间的密切关系（专栏 4.1）。

专栏 4.1　景观干预对城市气候的影响（基于 Gill et al., 2007）

未来的气温是基于未来可能的温室气体排放量进行预测的。在进行干旱影响的模拟时，将蒸发量方程中“草的作用”删除。假设目前林地的最高地表温度为 18.4℃，城镇中心的最高地表温度为 31.2℃。预测表明，到 21 世纪 80 年代，低排放量下，最高温度将分别上升到 19.9℃和 33.2℃；高排放量下，将分别上升至 21.6℃和 35.5℃。在高密度居住区，蒸散面覆盖率为 31%，到 21 世纪 80 年代，地表最高温度将增加 1.7℃ ~3.7℃；在低密度地区，蒸散面覆盖率为 66%，温度将增加 1.4℃ ~3.1℃。在绿化率较低的区域，如城镇中心和高密度住宅区，绿化覆盖率增加 10%，可使最高地表温度保持在 1961—1990 年的基线温度甚至更低，除非 21 世纪 80 年代温室气体排放量高。相比之下，若绿化覆盖率减少 10%，最高地表温度将明显上升，在城市化程度最深的地区将提高 7℃ ~8℃。

在所有建筑中增加屋顶绿化，对最高地表温度有显著影响，在所有时间段和排放量条件下，温度都能够低于 1961—1990 年的水平。屋顶绿化对建筑密度较高而蒸散面较少的城市形态类型（如市中心）影响最大。相反，当草地变得干燥并不再蒸散时，河流和运河的降温作用最明显，其次是林地

此外，土壤类型也非常重要，渗透速度较快的土壤（如沙土）比渗透速度较慢的土壤（如黏土）的径流系数低。渗透率最高的土壤径流系数变化幅度最大，渗透率最低的土壤径流系数变化幅度最小：因此，正如所预期的那样，不透水地表对沙质土壤的径流的影响比黏土土壤的影响更大。预计到 21 世纪 80 年代，降水和径流将显著增加。增加树木覆盖率似乎可以减轻这种影响，但影响相对较小，无法用于防洪。然而，在城镇中心区、商业区和高密度住宅区的建筑上增加绿色屋顶，可以显著减少径流，结合可持续城市排水技术能让效果更明显。

总体而言，模型表明，城市绿地在缓解气候变化带来的预期影响方面具有

很大潜力，尤其是在夏季高温和洪灾方面的作用较大。需要注意的是，绿地对于缓和地表温度有潜在作用，在干旱的情况下，草地会干枯并失去其蒸发降温功能。预测表明，未来夏季连续干旱的日子将会更多，热浪的持续时间也会更长。因此，如果不采取应对措施，会有越来越多的草地丧失蒸发降温功能。而这时，水面与树木的降温和荫蔽作用就愈发重要。

城市绿化对于气候和可持续排水的影响还取决于它的连接、斑块和基质的空间结构（表 4.1）。因此，绿色基础设施具备景观生态属性，包括廊道、斑块和整体基质的位置和布局（这些在第 5 章中会有更详细的解释），这些将影响绿色基础设施的性能。例如，在抵御城市洪水方面，廊道的蓄水功能特别重要，可持续城市排水系统（提供生态斑块）也有其重要性。对于水的渗透，基质和斑块特别重要。由于沙质、渗透速度较快的土壤在减少地表径流方面最为有效，因此增强对气候变化的适应性，理论上是可以通过保护、加固生于其上的植物或者限制高渗透性土壤地块住宅加密来实现的。成片的尤其是大片的绿地能够形成独特的微气候，特别有助于蒸发降温，并提供遮阳。绿地还能够减少空调制冷的需求（是温室气体的来源之一，通过排放废热，形成城市热岛效应）（Gill et al., 2007）。

表 4.1　通过绿色基础设施适应气候：陈述性分类

	廊道	斑块	基质
洪水储存	非常重要	重要	比较重要
渗透能力	比较重要	重要	非常重要
蒸发冷却	比较重要	非常重要	重要
遮阳	比较重要	重要	非常重要

（改编自 Gill et al., 2007）

水

在过去的一个多世纪里，越来越多的洪泛区土地被开发，用于城市发展和

图 4.1　谢菲尔德的唐河谷（the Upper Don Valley, Sheffield）上游洪水泛滥

集约化农业，这种开发的需求导致了河流与洪泛区的工程断连。该策略导致洪水无法衰减，增加了下游的洪水风险（图 4.1）。

景观变化对流态调节器有重大影响。这些变化可能会对河流洪水（来自泛滥的河流系统）以及强降雨（能够摧毁灰色基础设施）有影响。惠特和埃文斯（Wheater and Evans, 2009）报告说，在城市地区，植被土壤被不透水的地表广泛取代，因而，地下自然存储和衰减过程无法实现，径流向河流的输送路径也被改变，导致了地表径流增加和向下渗透减少。地表径流一般由暴雨排水系统通过管道迅速输送到溪河中。因此，径流排放量增加，排放速度加快，一方面会导致洪峰急剧增加，另一方面会减少地下水补给。城市发展对溪流的影响取决于流域的性质，在自然径流较少的地区，影响相对更大。温带地区的自然流域一般在冬季长降雨后最容易发生洪水，而此时土壤已经是湿润的。相比之下，由于城市流域受土壤积水的影响不严重，可能受冬季降雨的影响相对较小，但可能会受到夏季强降雨的严重影响（雨洪）。然而，这种变化的程度复杂，流域内城市位置、流域规模等因素都会引发不同程度的变化。

在城市地区，灰色基础设施通常将暴雨径流通过雨水井（gully pots）导入暴雨下水道。这些下水道是基于暴雨事件发生的相对频率设计的，然而在更极端的情况下，下水道承受的压力不断增大，水流达到饱和后可能会排放到地表，与地表径流相结合，最终导致道路和财产淹没。这些问题通常会因下水道堵塞和其他故障而加剧（专栏 4.2）。

专栏 4.2　灰色基础设施导致城市内涝的主要原因

- 涵洞被大雨期间冲入的垃圾和植物堵塞；
- 由于不透水地表范围大、类型多，地表径流引发水灾的风险增加；
- 污水系统老化、数量不足，可能会导致污水管溢出、自然流径阻塞或径流速度增加；
- 住宅的排水沟通常以 30 年一遇的防洪标准设计，但根据未来气候预测，这很可能不够

近年来，欧洲地区一些主要河流，例如莱茵河，发生了一些严重的洪灾，从而推动了一些方法的改变。一些城市开始减少原有的防洪措施，将着力点放在洪泛区的重建以储存洪水上。如前所述，荷兰已转向“与水共生”，而非简单地使用传统的土木工程来控制洪水。因而，恢复洪泛区土地提供积极的储水功能的可能性（例如，降低一些农田的防洪等级）受到越来越多的关注。

未来气候变化是影响洪水的一个重要未知因素。巴滕斯（Bartens, 2009）回顾了英国的情况，指出大量预测显示冬夏气温将会升高，夏季更为极端的热浪会使气温更高。而冬季预计变得更加潮湿，降雨（天数及降雨量）增加，最坏情况下，洪水风险将增加 200%。在冬季月份，海平面承受的压力将更大，这与预期的降雨量相吻合。北部地区洪水风险预计将会增加，而南部地区预计将会减少。因而总体而言，全国各地增加的风险将有所不同，包括沿海洪水风险、河道洪水风险和雨季洪水风险。英格兰约有 10% 的房屋建在洪泛区，自 2000 年以来，有 11% 的新房建在洪水危险区域（flood hazard areas）。

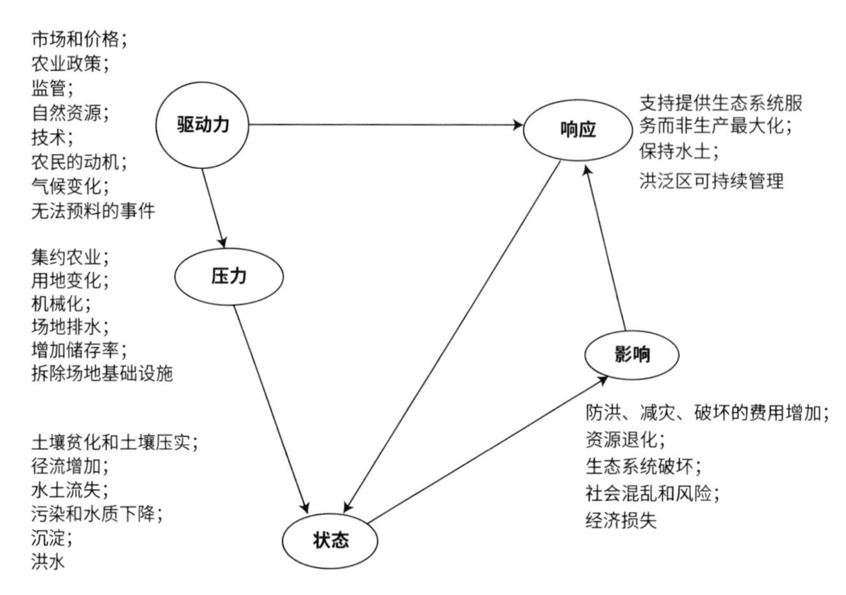

图 4.2　农业景观洪水的 DPSIR 模型
（基于 O’Connell et al., 2004）

奥康内尔等人（O’Connell et al., 2004）在研究农村河流时，利用 DPSIR 模型（图 4.2）将不同径流生成机制与各种土地管理措施（尤其是过去约 50 年的时间里的农、林业集约化）的联系。大量证据表明，长期而言，植树造林会增加水分的蒸发量从而减少径流，尤其是针叶林和高地森林，但在很长的时期内，一些排水措施往往会增加暴雨径流。农业排水也会对洪水产生重大影响。利用地下管道系统进行土壤排水以提高产量是一种普遍的农业措施，并且，低渗透性的土壤往往需要二次处理，如“土壤深松”（subsoiling）或“地下排水沟设置”（moling），以改善农田排水。尽管农田排水设置取决于一系列当地因素，但由于地下水位下降和土壤储水能力增加，地表和近地表径流往往能够减少。一些水灾也可归因于农业集约化，尤其是在这种情况下：灌木篱笆墙被大量移除，农田面积大大增加，土地排水沟沿着陡峭的山坡设置，河岸植被被完全移除，而集约化农业一直延续到河道边缘。关于上述河岸带（the riparian zone）的破坏，伯特和皮奈（Burt and Pinay, 2005）发现，河道－洪泛区连接或者说在河流与湿地交界处的岸贮水（bank storage）效应，在减少农业氮污染扩散方面发挥了特别重要的作用。

这些景观措施往往伴随着生产的集约化。高地上改良牧场数量增加，因而有了排水、犁地和重新播种的需求，而这往往会影响河流流域的水源地。此外，由于羊群数量的增加，边际土地（marginal land）上常常出现过度放牧的现象。重型机械对于耕地的影响和过度放牧对于牧场的影响往往致使土壤结构退化，可能导致土壤渗透率下降和储水能力下降，这产生的溢流反过来又会加速径流。虽然用地变化和土地管理方式的变化对于流域尺度的影响效应被证明难以评估，但大量证据表明，处于最佳位置的防护林带和林地可以降低洪峰，并有助于减少面源污染，改善野生动物栖息地（O' Connell et al., 2004）。

除了田地径流、山坡径流以及流入河道的水量和时间外，水流对下游地区的影响是另一个需要关注的问题。尤其是农田防洪工程引起的河流与洪泛区的断连问题。近期，洪泛区农田的洪水防御力度有减弱的趋势，即允许洪泛区被水淹没，以重建土地的自然储水功能和水流减弱功能，目的是减少下游的洪水风险。但这并不总是合适的，因为一些农业区域若没有防洪措施，在水流量大时会形成河漫滩，因此在这样做之前需要仔细判断其流域影响。允许洪水发生会给农场带来一定程度的风险，从而引发一些非常敏感的社会问题和经济问题，如作物减产和农民损失。显然，这是一个社会恢复力和物理恢复力的共同问题。

将目光转向城市河流，在城市地区，气候变化对洪水的影响可能尤为明显，到 2080 年，降雨强度预计增加 40%，而这些地区的防洪成本将成倍增加（Chartered Institution of Water and Environmental Management, 2010）。过去，大多数城市地区的防护洪水方案是将河流拓直，将河水控制在河道和涵洞中，而这往往导致流速加快，峰值流量增大。相比之下，未渠化的河道能够通过覆盖其上的植被来减缓流量，更多地将水流引向自然洪泛区，从而避免建成区洪水的发生。在城市结构中，可持续排水系统已被越来越广泛地运用，其原理是综合透水表面（permeable surfaces）、过滤器（filters）、蓄水区（storage areas）、湿地和平衡池（balancing ponds）等措施，在水源附近控制流速，帮助减少地表径流，保护水质，并且为野生动物提供栖息地（专栏 4.3）。

专栏 4.3 可持续排水系统（SuDS）的一些益处（Environment Agency, 2008）

- 可持续城市排水系统具有传统排水系统所不具备的综合效益；
- 保护、提高当地河流的水质和生物多样性；
- 保护、恢复河岸植被；
- 相比于缺少美感的大型混凝土结构，这可改善休闲娱乐环境；
- 维持或恢复溪流的自然流态；
- 保护人与财物免受当前与未来的水灾侵害；
- 保护河道免受意外泄漏和错误连接导致的污染；
- 在污水收集系统负荷已满的地区允许新的开发，鼓励在现有开发地区进行新的开发，并保护新的土地；
- 结合环境和社区的需求进行设计；
- 在合适的情况下，允许来自地下水的自然补给；
- 减少硬质结构（如路缘石和沟渠）的成本及相关维护费用

随着城市化加剧，不透水地表越来越多，自然排水模式被破坏，因此越来越多的地表水流迅速流入河道，而经由土壤渗透的水流越来越少（Environment Agency, 2008）。传统的灰色基础设施旨在尽快清除这些不透水地表的雨水，短时间内流速变大（图 4.3），可能导致下游发生洪水灾害，河岸和河床侵蚀加剧，从而破坏河岸生境和下游的沉积物和碎屑的沉积。随着不透水地表开发量的增大，深入地下的水分变少，这可能会导致地下水储量减少，地下水位下降，进而减少从地下流入溪河的水量。可持续排水系统基于另一种地表水管理方法，即致力于模拟开发项目中水的自然流动，让水在场地内停留的时间更长，减少洪水风险，改善水质，减少面源污染。

硬质的工程方法旨在利用屏障设计来应对已知的峰值流量和系统容量，而可持续排水系统的工作原理同样严谨，但旨在通过重新连接水文系统、在地表水管理过程中模仿自然来建立环境恢复力（Environment Agency, 2008）。此外，可能需要提高社会恢复力，让人们更容易接受轻微的洪水风险，例如，允许停车场每年 1~2 次的短暂淹没以应对不频繁的洪水事件，而无须去建一个大得多的排水系统。可持续城市排水系统方案主要有三种，在实践中往往是重叠的，

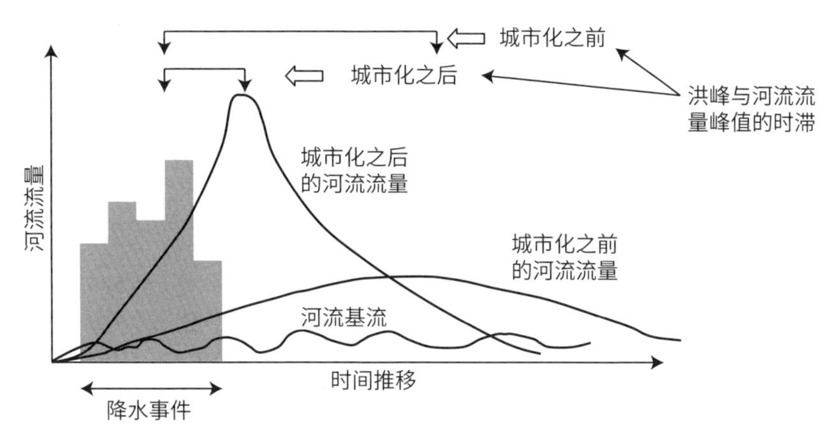

图 4.3　城市化对河流峰值的影响
（基于 Christopherson, 1997）

即减少场地的径流量（源头控制技术）；减慢径流速度，增加沉降过滤和渗透量（渗透性输送系统）；通过可持续城市排水系统收集地表水，并在其排入地下水或水道之前对其进行被动处理（管道末端系统）。

城市蓝绿基础设施的整合可通过三维堆叠来实现，体现地上、地面和地下元素间的连接。因此，屋顶绿化有助于减少径流量，降低流速，从而减少下游的可持续城市排水系统和其他排水基础设施的规模。“硬质景观”材质，如由砾石、混凝土草格（grasscrete）、多孔混凝土块（porous concrete blocks）或多孔沥青（porous asphalt）制成的透水路面，可以用来代替传统的路面。有时需要设置地下储存空间，以实现水的再利用或延迟排放。雨水可以从屋顶和停车场等区域的硬质地面收集，将其储存并用于所在物业及周边区域。浅挖且适当排列的入渗沟（infiltration trenches）能让暴雨径流从小流域流出，逐渐渗入下层土壤。类似地，更大的区域可以通过入渗池（infiltration basins）储存地表暴雨径流。在地下，具有高孔隙度的结构性土壤（例如破碎的混凝土），种植适当的植被，可以提高径流量的渗透率（Melby and Cathcart, 2002; Bartens, 2009）。当然，可持续城市排水系统需要细致的设计、施工和定期维护；可能并不总能提供完整的解决方案，可能需要更多传统措施的支持，以共同应对重大事件。

小规模的排水系统可以设计成景观区，并设置在其他可持续城市排水系统的上游，如过滤带（filter strips）设计——一种能够承受径流（如坡面流）的植被覆盖地块。大规模的管道末端系统通常指，在人工水池中储水从而推动自然净化过程的系统。人工湿地和水池还能够改善城市地区野生动物栖息地，美化环境。蓄洪水库（detention basins）旨在阻挡暴雨径流的“第一道冲刷”并持续数个小时，让固体物质得以沉淀；蓄洪水库将把雨水排入河道或地表水排水系统，并在暴雨期以外的时间处于干燥状态。相比之下，滞留池（retention ponds）则始终保持一定的水量，避免岸边沉淀物暴露在外，影响美观，这也有助于去除营养物质、微量元素、大肠杆菌群和有机物。设计过程中，需要考虑暴雨期间水位的巨大变化，以提供足够的蓄水量。如果滞留池的水域面积大于等于 5 公顷以及（或）在干旱天气下有可靠的水源，可能也会很有美感。水池可以由沼泽系统（swale system）或过滤排水网提供水源，而如果其面积大到足以容纳峰值流量，则也可由传统的地表水系统提供水源。一个典型的滞留池至少需要污染物滞留 20 天才能完成生物降解。表 4.2 总结了蓝色基础设施（blue infrastructure）所能提供的生态系统服务。

表 4.2 蓝色基础设施的性质和功能

问题	功能	类型	位置
河流洪水	增加汇水面积，减少流入下水道及溪流的排水	透水表面、粗粒土	洪泛区、与河道相邻的土地、低洼和潜在涝渍地
	降低峰值流速，减少洪水，减少河岸侵蚀	树木 / 树根用于截流 / 帮助渗透；蓄洪水库用于集水	洪泛区、湿地、脆弱土地的上游地区
	蓄水以保护洪水危险区	滞留池、湿地、雨水花园、生物滞留池	洪泛区、强降雨区、不透水地表多的地区、脆弱土地的上游地区
	吸收多余的水和降雨	从叶子表面蒸发，被树木和植物吸收，屋顶绿化	洪泛区、强降雨区、脆弱土地的上游地区
	土壤渗透	所有植物的根，尤指树的根	

续表

问题	功能	类型	位置
雨季洪水	增加透水面积减少径流和洪水	透水表面，粗粒土	洪泛区、强降雨区、下水道常溢流频繁地区、低洼和潜在涝渍地
	减少流入下水道的水流速度和水量	在设计好的洼地蓄水，用树木来截流和阻挡	不透水地表的区域附近
	吸收过剩的雨量、中途截流以减少径流	树木，尤其是大型树木和屋顶绿化	脆弱土地、洪泛区、强降雨区、低洼和潜在涝渍地的内部和上游地区
	减少排水区域的洪水	透水表面越大，排水效果越好，植被使土壤渗透率增加	缓冲区和脆弱的土地
	减少水量和降低流速或减少入口	植物 / 树木吸收，叶面的蒸散、滞留和截流	区内有缓冲带、易损土地、洪泛区、集水区和输水区
水量和水质	储水（增加）	水池	强降雨区和径流量大的地区
	蒸发（减少）	植物荫蔽	所有的水体，尤其是较小的水体
	减少峰值流速，以缓解河岸侵蚀和沉积	在设计好的洼地蓄水，利用植被挡水和截流	强降雨区、湿地、集水区和输水区
	减少对污染物的吸收和吸附量	植被的吸收，土壤的吸附（包括土壤结构）	各类城乡用地类型

（基于 Bartens, 2009）

在美国，“森林流域”（watershed forestry）已被广泛用于调节城市和农村地区的水流，并促使其重新连接。主要包括以下内容。

- 保护：例如，利用保护地役权（conservation easements）和法律条例，要求开发商在施工期间保护选定的森林；
- 强化：强化城市森林碎片（urban forest fragments）的健康、环境和功能；
- 重新造林：通过自然再生或新的种植在空地上重新造林。

虽然这些方法需要一些成本，但收益很大。例如，费城公园联盟（the Philadelphia Parks Alliance）的一项研究（Trust for Public Land, 2008）报告了非政府组织“美国森林”（American Forests）对与城市树木所能提供生态系统服务的分析结果，表明城市树木有助于减少暴雨径流、改善空气质量、节约夏季能源、碳封存（carbon sequestration）以及避免碳排放。研究显示了城市树木在巴尔的摩－华盛顿地区（the Baltimore - Washington area）的价值，据估计，该地区的树木覆盖率在1973—1997年期间从51%下降到37%。这一时期，雨水径流量增加了19%，新型雨水处理系统被用以拦截径流，而树木覆盖率的减少正与之有关；此外，如果那些失去的树木覆盖得以保留，则每年可从大气中除去约423万千克的污染物。按1999年的价格计算，预计这种额外的雨水处理的资金成本和每年清除污染物的成本分别为10.8亿美元和2400万美元。

综上所述，重新连接的蓝色基础设施的好处包括减弱洪水、改善水质、提供娱乐机会、蒸发降温、增加生物多样性以及提升社区价值和舒适度。还应注意的是，如果设计不当或植物选择不当，可能会导致污染、空间占用、积水、健康危害、季节性干旱时期占用稀缺水资源、美感不佳等问题。

此外，针叶树往往一年四季都是有益的，而阔叶树的优势一般只会在其生长季节呈现。河道更大强度的重新连接可能有助于水生生物绕过自然生物地理障碍：有时这是有益的，但有时可能会带来消极后果，因为这也给物种入侵提供了机会，使得本地物种面临竞争。因此，与所有景观重新连接的尝试一样，其设计和管理应始终基于对自然的正确认识。

土地

陆地上重新连接的主要目的是为生物多样性创造空间，尤其是通过生境扩大和生境连接的方法，保证关键物种的种群数量和遗传。而有关生境保护的讨论已经从保护高质量的生态斑块（斑块保护仍然是重要的生境保护策略）转向“恢复性”（restorative）措施。导致生物多样性减少的三个关键原因是：生境丧失、生境恶化以及富营养化。这推动形成了新的自然保护策略，即旨在创造一个更具恢复力的自然环境，并为自然提供新的空间。

在英格兰，有学者针对自然保护政策开展了一项极具影响力的审查（Lawton,

2010），审查内容是：野生物种保护地是否构成了一个连贯且具有恢复力的生态网络，若非如此，需要做什么。尽管近期生物多样性有所改善，但这多体现在适应性良好的普通物种上，而较为特殊的物种则趋于衰退。这表明环境品质和多样化问题一直存在，主要因为普通野生生物生境的改善被那些越来越破碎和孤立的生境抵消了。因此《劳顿审查报告》建议，生境改善措施应该导向——恢复物种及生境的可持续性，恢复并确保重要生态过程和物理过程的长期可持续性（在气候变化的背景下）。这一措施与生物多样性管理措施结合，改善生态系统服务，并使野生物种基地能够更好地服务于公众。

《劳顿审查报告》指出，在导致野生物种变化的各种因素中，气候变化（特别是长期的气候变化）的影响可能最严重。诸如物种范围变化、季节性事件发生时间的变化等气候影响已经发生。虽然并非所有变化都是有害的，但长期的变化可能会导致物种生存危机，而其他影响，例如海平面上升、极端天气事件的增加和夏季长时间干旱，都可能产生广泛的负面影响（专栏 4.4）。例如，到2050年，预计全球15%~37%的陆生动植物可能因气候变化而"濒临灭绝"（Thomas

专栏 4.4 气候变化对物种和生境的影响（基于 Hopkins, 2009; Lawton et al., 2010）

- 范围变化：所有物种都有一个"气候包络范围"（climate envelope），该范围内物种得以生存和繁殖，反之则会死亡。随着气候的变化，这些气候包络范围也会发生变化，因此物种需要跟随这些变化的范围并占据新的区域。目前，在英国，喜温暖的南方物种正在向北或上坡扩大其分布范围，而一些喜寒冷的北方物种在南部的分布极限则越来越北迁。此外，还出现了新物种的自然扩散。这种变化趋势目前还不清楚会持续多久。由于物种的传播能力有限、环境敌对障碍阻止其传播、生存环境重要因素（例如食物供应或繁殖地）跟不上气候变化等原因，物种难以随着气候包络范围的变化而变化；
- 物候（季节性事件）变化（phenological change）：这种问题在英国现已产生一些影响，如树木首次落叶时间、飞蛾和蝴蝶的飞行时间、鸟类的产卵时间、两栖动物的首次产卵时间、食蚜蝇（hoverflies）的首次出现和黑莓等物种的结果时间。这些季节性事件的变化幅度的差异（失去同步性）会给一些物种带来严重的问题，因为食物链的关键环节被打乱了。例如，毛虫数量高峰期与林地鸟类的捕食需求不匹配以及开花时间与传粉者出现时间不匹配等。在未来，这种不匹配可能会破坏许多生态系统的功能、持久性和恢复力，并对生态系统服务产生重大影响；
- 生境偏好变化：例如，一些物种已经开始在更多样的生境中繁殖。虽然很难一概而论，但这些变化可能对稀有物种有利；
- 海平面上升：部分由气候变化引起的海平面变化已经导致潮间带生境的丧失，特别是在英格兰东南部低地海岸的盐沼已大量减少，该问题可能会愈发严重

et al., 2004）。建立一个连贯而具有恢复力的生态网络将有助于野生物种应对这些变化，并提高自然环境提供生态系统高品质服务的能力。同时，这还有助于人类应对气候变化（例如，储存碳、改善供水安全以及在面对未来不确定事件时有选择的机会）。

生境网络（habitat networks）是这一更具战略性的生境改善措施的核心，一般是以现存具有高价值、被严格保护的最重要的地点为起点，而后通过创建新地点来扩大范围。增加这些地点之间的连接度也很重要，但如果基地质量不高，所连接的野生物种也不丰富，该措施的益处也不大。地方的环境情况也很重要，如果此地生境较不分散，那么最佳策略应该是提升生境管理、提高其生物多样性（异质性，heterogeneity）；如果此地的生境规模较小且相对孤立，则投资恢复或新建野生生物生境会更好。此外，由于需要强化、扩展更多层级的生物基地，英国官方将“自然改善地区”（Nature Improvement Areas）作为在景观尺度实现生态恢复的手段。在大多数发达国家，重建大片连续的自然栖息地是不切实际的，因此，常用手段是保障生态网络内的地块品质，包含物种所需的栖息地范围和面积，确保生态连接以满足物种（或至少其基因）的移动。

该网络由一系列核心地块和其他要素相连形成网络，其网络本身就很重要，也可以扮演“踏脚石”的角色——缓冲区、野生生物廊道和小型高质量的节点组成了所谓的“生态网络”。正如希尔蒂等人（Hilty et al., 2006）所言，“野生生物廊道”不一定要形成物理连续性，混合用地镶嵌体（a mosaic of mixed land use）通常也能起到同样有效的作用。

《劳顿审查报告》提出了此类网络评估的五个方面：①该网络应支持全国范围的生物多样性，并将具有重要生态意义的地区纳入网络；②网络及其组成节点应具有足够的规模，并能够适应气候变化；③网络节点需要长期的保护和适当的管理；④各节点间应具备足够的生态联系，以便物种移动；⑤各节点应受到人们的重视并能够为人所用。当前许多物种只在野生生物保护区内出现，是因为它们大多已在其他地方消失了。因此，未来的需求是重建自然。《劳顿审查报告》认为一个更具恢复力和协调性的生态网络的本质为：更多、更大、更好以及连接。这就需要通过更好的生境管理措施来提升现有节点品质并扩大其面积，通过物理廊道或“踏脚石”加强其间连接，创造新的节点，并通过改善更大范围的环境来减少对野生动物的环境压力。

对于网络间的联系而言，往下有地方网络，往上有区域、国家和国际网络，当前，世界各地有 250 多个网络正在规划建设（Jongman et al., 2011; Jongman and Pungetti, 2004; Bennett and Mulongoy, 2006）。不同生态网络构建方法反映出各国的自然生境类型差异、关键物种需求差异以及国家规划和政策体系差异。在人口压力和开发需求较小的国家，荒野区可能是生境网络的重要节点。而西欧最重要往往是较小地块上的半自然生境，被列为重点保护区域，目的在于改善节点之间的生态连接，恢复失去的生境。虽然网络间存在差异，但各类网络种的一些要素的某些特征是一致的（Bennett and Mulongoy, 2006）：强调在景观、生态系统或区域范围内保护野生动植物；强调维持或加强生态系统的连接度（主要通过增加廊道和“踏脚石”来实现）；确保重要区域免受具有潜在破坏性作用的外部活动的影响；恢复退化的生态系统和生态过程；促进重要野生生物区域的自然资源的可持续利用（图 4.4、专栏 4.5）。

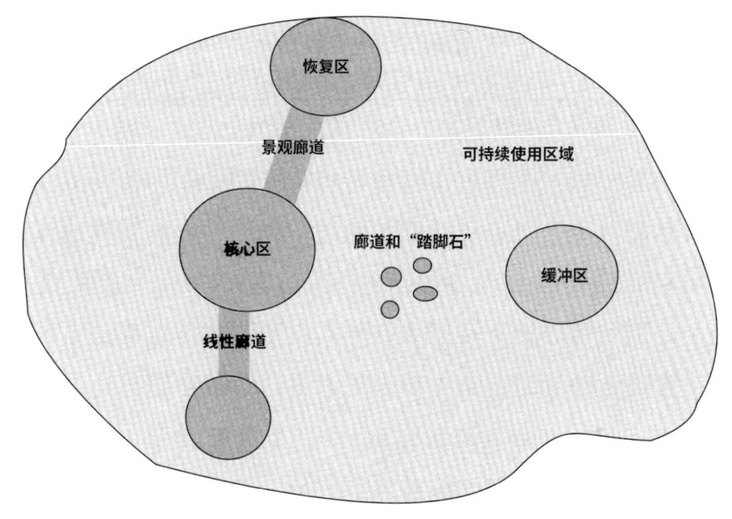

图 4.4　生态网络的理想化要素
（基于 Bennett and Mulongoy, 2006）

专栏 4.5 生态网络的主要原理和构成
（基于 Bennett and Mulongoy, 2006; Hopkins, 2009; Lawton et al., 2010）

原理：
- 明确目标、愿景，可能包括量化的绩效目标；
- 本地利益相关者，包括土地所有者，从一开始就参与进来；
- 让生态网络及其组成部分适当地满足多功能使用需求；
- 实施过程中保持在地的灵活性，来应对实施方案与地方意愿之间的差异；
- 需要充足的依据，以保证生态网络的妥善管理（包括正确的地点）以及评估目标实现情况；
- 切实维护生态网络的所有组成部分，而不仅仅是核心区；
- 适当的资金来源，公共、私人和自发的资金来源的组合是首选

组成部分：
- 核心区——保护良好，具有很高的自然保护价值，是网络的核心，健康的物种繁殖种群可以从这里扩散到网络的其他部分。这些区域的生境是稀有的（或重要的），因为它们支持野生动物或提供生态系统服务，这些区域往往是物种密度最高或稀有动物生活的地方；
- 廊道和“踏脚石”——改善核心区域之间功能连接的空间，使物种能够在其间移动，以便进食、扩散、迁移或繁殖。连接不一定由线性、连续的生境形成，更多依赖土地中的“镶嵌体”，因此，将一些小地方作为“踏脚石”，某些物种就可以在核心区域之间移动。当目标物种（如不会飞的哺乳动物）的扩散受阻于重要路网等障碍物时，可能需要为其提供特定的走廊，如地道和立交桥；
- 恢复区——划定区域并制定措施以恢复或创造新的生境，从而恢复生态功能和物种数量。其所在位置通常作为现有核心区的补充，或用于连接或强化现有核心区；
- 缓冲区——核心区、恢复区、“踏脚石”和生态走廊的相邻周边区域，保护它们免受大环境的不利影响；
- 可持续使用区域——更广阔的景观区域，基于可持续的土地管理及相关的经济活动对其进行使用（Bennett and Mulongoy, 2006）。如果设置得当，将有助于“软化”网络外的基质，使其更具渗透性，从而减小对野生动物排斥性（包括一些自给自足的种群，这些种群依赖某些农业形式或至少对这些农业形式有耐受性）

相比于一些措施只关注特定生境和特定物种的保护，促进生境网络的困难之一在于需要首先对生态过程进行归纳梳理。我们不可能精确地知道所有受保护地的适宜尺度和连接度，因为不同物种在活动范围、种子传播距离、种群密度、穿越敌害地貌的能力等方面存在巨大差异。由于这些信息都是不可知或无法模拟的，因此，保护管理者需要集中精力采取更广泛的措施，使得数量正在下降的种群稳定下来，并尽可能地提高物种丰富度、强化分布，从而提高系统的恢复力。因此常有建议提出把控“整体发展方向”的重要性，而非不切实际地试图对生态网络的范围和空间特性进行精确的描述。

在气候变化的条件下，为了确保物种的生存，霍普金（Hopkins, 2009）建议确保保护区或其他保护网络中冗余性元素（an element of redundancy）的存在，当物种面临未知气候变化带来的影响时，该类元素能够为其提供保障。除了广泛的农村地区，城市生境也应被纳入生境网络，因为一些与人类活动密切相关的物种（如家雀）正在减少。然而，要恢复连接度，其关键不仅在于扩散功能的恢复，还在于新环境中物种的成功建立和繁殖。因此，生境斑块的生态品质同其空间模式同等重要。英国非政府野生动物保护信托（the UK non-governmental wildlife conservation trusts）的“活景观”战略（‘Living Landscapes’ strategy）（Kent Wildlife Trust et al., 2006）给出了实现保护网络中空间和品质特征的方法（图 4.5）。

近来一些有关生态重新连接的最有趣的工作都要依托发展森林生境网络（Forest Habitat Networks, FHN）。研究表明，网络中新的或改良后的林地不一定要与现有林地形成物理连接，但林地物种会同时在现有的和新的生境斑块之间距离较近的基质中扩散。这些网络中的备选方案已被确定为：通过阔叶林专科物种网络来确定工作的优先次序；通过缓冲式扩张保护和巩固生物多样性高的林地；随后选择品质较低的林地进行针对性改善；采用“踏脚石”来减少林地的破碎化；也可能将一些针叶林改为阔叶林，以减少阔叶林的破碎化。

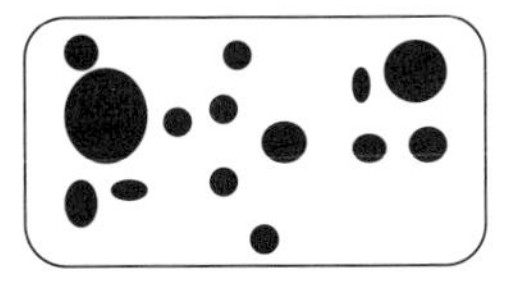

绘制现存的生境及其范围

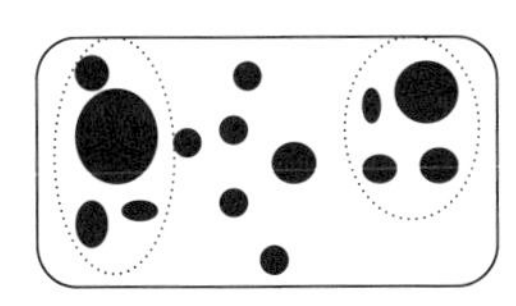

确定构成核心区的生境范围聚落

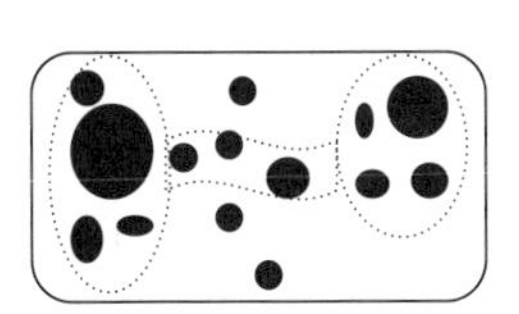

确定核心区之间能够形成网络连接的位置

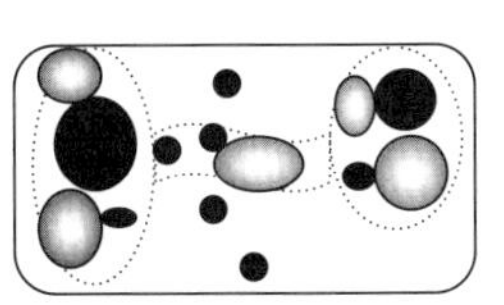

连接生境并形成缓冲区，形成大规模生境区域，并在其间建立功能性连接，即“生态网络”

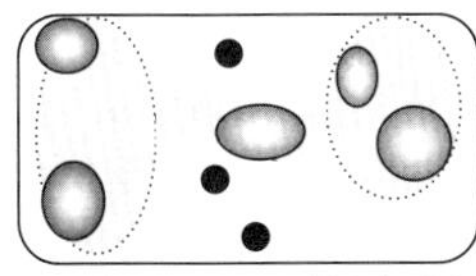

在生态网络周围及其内部实行野生动物友好型管理

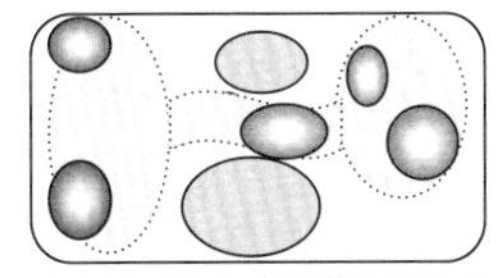

对土地以及生态网络外部生境进行可持续管理，以提升“缓冲”效应

图 4.5　景观网络逐步发展的设想
（改编自 *Living Landscape for South East,* Kent Wildlife Trust et al., 2006）

例如，苏格兰西南部的一项区域分析（Grieve et al., 2006）建立在早期一项全国性测绘工作的基础之上，这项工作是由林地泛化种（woodland generalists）、阔叶林专科物种（broadleaved woodland specialists）和欧石楠荒地泛化种（heathland generalists）所组成的网络共同开展的。该研究确定了阔叶林网络及其高品质部分的数量和位置、依赖这些网络的物种以及低地林地扩展限制区域的性质。采用一般焦点种方法（the generic focal species approach）（Watts et al., 2005），对几种具有特定生境特征的林地进行分组，并考虑其他类型用地中物种的渗透性。研究要求熟悉林地的人对各林地地块的生物多样性品质特征进行评价，由此分为好、中、差三类，将第一类归为生物多样性高的核心区。而后，对该模型中每类用地补充了其中阔叶林专科物种的渗透性以及大致扩散范围的数据，以便确定已有的以及潜在的功能联系。该模型确定了可能存在的生境网络和潜在的"踏脚石"，可作为管理方案制定和林地扩张计划的基础。

小　结

由于城乡发展，自然景观的主要系统（空气、水和土地）遭到大范围破坏。其间重要连接的丧失导致其功能及变化适应力降低。理解结构性断裂所带来的影响，有助于开发再生设计方法，将经济增长、宜居性与环境完整性相结合。本章回顾了景观中主要的物理系统及其运作过程中"刚刚好的条件"所起的作用，即对人居条件和生物多样性而言的恰到好处，例如，既不太热也不太冷（图 4.6）。

工业和城市化对大气和气候空间已经产生了不利影响。随着气候的变化，这种情况将日益严重。除了诱发的生态变化外，全球气候变暖可能会导致许多大城市居民的严重不适。已经有广泛的证据证明了气温变化对洪水的影响。虽然部分问题是需要通过减碳技术解决的，但景观也可以发挥重要作用。"景观连接"策略有助于大气碳吸收，为低碳生活方式创造机会也呼吁人们低碳生活。考虑到气候变化带来的不可避免的影响，这些策略还能够促进宜居性。

城镇、乡村和沿海地区的地表和地下水系统因硬质人工地表的取代而遭受

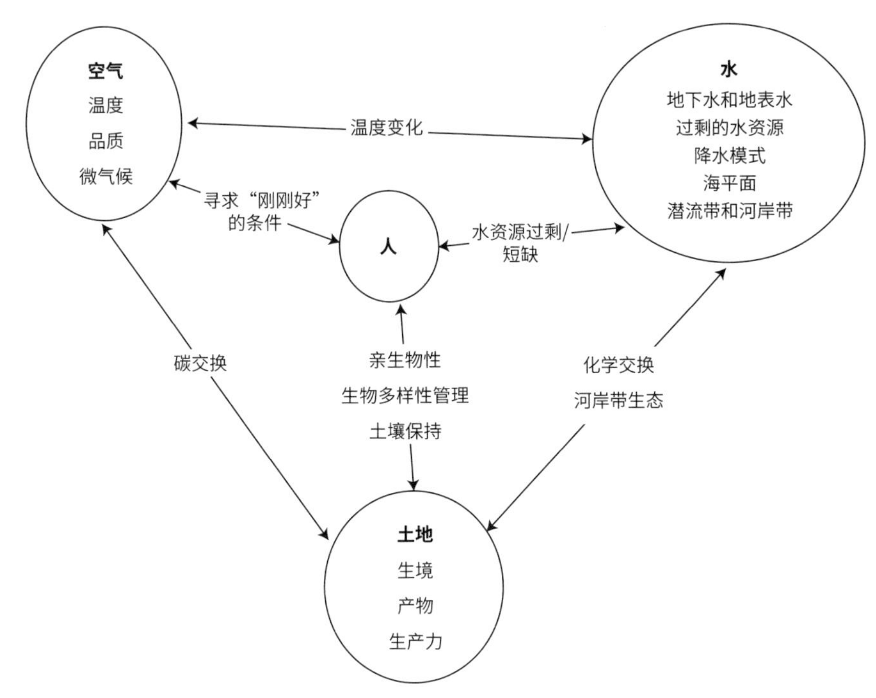

图 4.6　自然系统之间的连接及自然与人的连接

破坏。虽然总体而言，这种做法在几十年来为人们提供了优质服务，并被持续实施，然而，越来越多的证据表明，“工程断连”导致了排水模式的不可持续发展。时兴的设计实践证明，没有必要大规模地恢复自然排水模式，相反，智能的解决方案可以让人们过上新式和繁荣的生活，同时还能让水流恢复失去的连接。

生态系统中网络连接的丧失已引起了科学家的极大关注。普遍观点认为，以保护重点地块为主的传统自然保护方法是必要的，但还不够。因此，世界各地当前已经建立了许多生态网络。目前，生态网络的有效组成部分已受到广泛认同。然而，人们正在与时间赛跑，以确保在城镇、乡村和城市边缘构建景观尺度上的与物种灭绝速度相匹配的有效网络。

对物理层面景观断连的理解只是需要论证的方面之一，即便科学和工程层面能够提出妥善的解决方案，社会、政治和经济上的支持是实施方案的必要条件。几乎所有涉及景观物理层面重新连接的措施都会引起很大争议——人们可能需要接受更为严重的洪灾、改变土地管理方式、容忍那些对牲畜和作物有害的物种存活（或被重新引入），并接受城市潜在的可开发用地的价值损失。长期着力于景观恢复力的提升，可能会导致许多其他的问题，从而抑制短期的偏好或经济机会。因此，若要让再生设计被接受，则需要通过一个共同学习的过程来培育社会能力。下一章将讨论社会与景观之间的联系，这些联系是我们进行必要的物理层面创新的基础。

第5章
景观中的社会连接

引　言

自然界需要“空间”，同样，人需要“地方”。人与景观发生连接的方式有很多种，例如，有人认为景观的各种品质和属性使人们对一个地方产生依恋或认同，并可能通过创造相遇机会和共同活动的地方来促进社会融合。令人愉悦的景观显然有助于促进健康和幸福感，既可以作为心理和精神补偿的恢复性环境，也可以作为更有活力的运动场所。无论是作为生活的一部分，还是为了满足和享受，参与景观的智慧维护，都有助于培养人们对环境动态、环境敏感性以及自然责任的认识。一些证据表明，景观提供了一个舞台，在这里，直接参与土地养护、更广泛地参与环境方案的合作和参与性治理，可以触发社会学习，提升制度厚度（Schusler et al., 2003）。最后，景观质量和经济可持续性之间存在明显的联系，既因为景观能够吸引投资（Henneberry et al., 2004; Rowley et al., 2008），也因为宝贵的文化景观作为经济活动的偶然产物具备许多独特的品质。

一个关键问题是，大多数人居住的地区都缺乏优质的景观资源。例如，在英国，80%以上的人口居住在城市住区，这与近期提及的“集约化”（densification）有关——在21世纪的头10年，英格兰新住区的平均建筑密度从每公顷25栋上升到44栋。城市扩张和“边缘城市”将这些压力扩大到更广泛的地区。在最需要绿地的地区，绿地往往最少。研究发现，在社会经济贫困程度较高的社区，植被（特别是树木）覆盖率往往较低（Pauleit et al., 2003）。这些地区对气候变化的适应力最差，而绿色空间的缺乏又加剧了本就糟糕的健康水平。总的来说，在住区引入绿色基础设施是很有必要的。

连接人与地方

人们普遍认为，城市绿色基础设施的好处之一是其对地方感和社区认同感的贡献。克拉克（Clarke, 2010）总结了出现这种情况的原因。值得注意的是，一个地区受社会排斥的程度往往与绿色空间的稀少和低质量程度相吻合；对英国城市的研究表明，在贫困的市中心地区，树木和绿地只占土地的 2%，而在富裕地区，树木和绿地占 10%。在高密度城区，需要高品质的公共空间来开展社交活动并满足社区需求。交通条件、整洁性、审美和野生动物存量会影响感知品质，可能有助于提高地方的自豪感，减少反社会行为。社区参与绿色基础设施的设计和管理，可促进各类管理工作，从而降低管理成本，减少长期对破坏行为进行修复的需要。创造强大的地方认同感有益于提高社区和个人的社会活力，而绿色空间有益于产生更广泛的社区依恋。其他研究指出，景观本身及其相关的时间深度和文化特征影响着人们对地方独特性的认同。

千年生态系统评估（MEA）指出，环境提供一系列“文化服务”，而这些服务与景观体验的品质有很大关系。一项研究（Natural England, 2009a）根据 MEA 清单考虑了八种文化景观服务：历史感或传承感、地方感或认同感、灵感或刺激、平静和安宁、休闲和娱乐活动、精神价值、学习和教育，以及逃避感（远离一切）（专栏 5.1）。显然，景观体验是一个非常整体或综合的问题，难以分解成不同的“服务”类型。然而，本研究的确发现了有关这些服务性质的依据，并将其与特定的景观组成部分联系起来。例如，当人们将景观作为一种寻找平静和安宁、锻炼和活动的环境谈论时，会谈及逃避、缓解压力以及与亲人相处或独处的机会。与此相辅相成的是一些鼓舞人心的身体体验，如声音、寂静或“风拂过你的头发”。从能够引发强烈情感的特殊场所到提供日常的自然接触机会的普通领域，人们的体验强度各不相同。人们通常会选择不同的地方进行不同类型的体验，包括附近和容易到达的地方，如当地的公园或河岸；以及稍远但

专栏 5.1 景观中的生态系统文化服务（摘自 Natural England, 2009a）

- 历史感：一种对自然的永恒和人类如何在自然界中屹立了几个世纪的广义感觉，以及在人们的印象中曾经涉足的地方所形成的连续性。从城堡这样的大体量建筑到旧石桩这样的小型构筑，历史感是体现在环境的历史特征和遗迹中的，与尺度无关。
- 精神：一种根深蒂固且难得的价值，往往出现在较为孤独的时刻；可能来源于标志性的野生动物或一棵树，也可能源于更多的传统特征，如坟丘、立石或教堂；还与水（静止的湖泊或缓慢流动的溪河）和高地有关，并可能由天气决定，如戏剧性的光线或特定的颜色。
- 学习：许多人，特别是城镇居民，希望他们的孩子能在“自然”景观中学习，例如自然步道或活动课程，在自然栖息地看到动植物。爬山或长途跋涉是习得耐力和提升自身能力的绝佳方式。
- 休闲和活动：往往发生在交通便捷、活动丰富的地方，如市政公园或海滩；岩石、峭壁、攀登之处以及小径亦是。这些地方的醒目特征（如悬崖峭壁）以及实用特征（如茶点）提供了休闲和活动服务，且往往与组织性、群体性活动有关。
- 平静：常常指私密空间或静谧时刻（待在树林里或仅仅只是“看云”就能获得）；不依赖动态或戏剧性的场所，只要事物能让人产生“遥远”的感知，便能很好地传递平静感，就像人们从动物或雪花莲花海中就可以感受到野生物种的纯粹。
- 地方感：任何特征、景观，甚至是某些野生物种，当具有地方性和独特性时，便可提供地方感。它们的历史渊源以及对当地景观意境的定义，使人们产生了地方自豪感。而那些杂乱的区域或建成区难以提供地方感。
- 灵感：突出的美学特征、戏剧性、内涵、野生动物丰富性、浪漫或力量感，是景观产生这种文化效益的前提，可能非常依赖天气。
- 逃避主义：需要一种遥远的感觉，特别是没有人的感觉，地方性景观容易满足这一点；通常被描述为压力和忙碌生活的反面，并往往由某些声音和宁静强化

更多样的地方，通常包含多种特征，如林地、田地和水域。通常会有一些非常特别且众所周知的热门地点，如一座独特的山丘；也会有一些秘密的、鲜为人知的地方，为孤独感或特殊活动（如观鸟）提供机会。正如本研究的作者所观察到的那样，现代生活似乎造成了一定程度的“感官剥夺”，而景观的体验可以抵消这种剥夺。尽管人们倾向于谈论“整体景观”体验，但某些元素的重复出现被证明是特别重要的。例如，水以其不同的形式，极大地增强了人们的景观体验，往往是一个地方的美丽或宁静的补偿。水景往往作为焦点或连接点，增加了景观体验的对称性，提升了景观的文化效益，并具有疗愈作用。奔流的水令人振奋，静止的水使人平静，沼泽的水因其野生动物的生命支持力而被重视。人们经常提到水的声音，如堰流澹澹或小溪潺潺。另外，林地亦宝地——阔叶林常作为放松和特殊时刻的去处，而针叶林则被认为是更活跃的娱乐场所。

树林的封闭氛围有时被描述为子宫般的环境，与幼年联系在一起，具有安慰和镇静的效果，尽管偶尔也会让人感到害怕。对许多人来说，海岸是一个标志性的地方。与家人一起游泳、安全开心地玩耍，是重要的童年记忆；海岸散步对许多人而言很重要，在他们生命的关键时刻，常常会通过凝视大海来反思自己。而山脉、丘陵和荒原往往是灵感的来源，这点不足为奇。最后，某些景观特征（如田野系统、村庄和小路）似乎将人们的经验锚固在历史长河中，使人们能够了解地方，并对自己在这种伟大历程中所扮演的角色产生一种惊奇感。

心理学概念中的“自我建构”或“自我意识”是解释人与其熟悉的景观间连接的另一个基础。坎特里尔和塞纳卡（Cantrill and Senecah, 2001）指出，人通过与地方接触，构建了自我结构的一部分（Mandler, 1984）。这影响着人们如何理解和评价周围的世界，以及如何看待生活在其中的其他人并对其提出要求。这表明，地方感、个体与环境发生关系的方式以及对周围环境和事件的理解三者之间存在着重要的关联。坎特里尔和塞纳卡（Cantrill and Senecah, 2001）认为，人们会从“自我在地感”（sense of self-in-place）的角度出发，去理解各种有关“与自然的关系”和“对自然的责任”的主张和论点。也正是基于这一角度，人类将自己定位在与他人的关系中，主张以特定视角看待景观的其他可能使用方式。因此，自我在地感的认知表征构建了理解环境变化预警、采取实际行动和回应发展建议这三者之间的联系。当下的居住地、过去居住地或曾经去过的地方给人带来的体验，影响了人们看待和谈论日常环境的方式。每一个这样的地方都有一个充满了环境参照的文化世界，而这些参照则搭建了人们不同的心理结构——框架，影响着人们获取和处理新信息的方式。不同的框架会产生对不同环境的不同反应、对不同类型活动的偏好、对环境预警和建议的反应以及对环境问题的既得利益的假设。特别对于长期居住在某地的人来说，这种“自我在地感”受到以往岁月中与人、土地关系记忆的强烈影响。

史密斯等人（Smith et al., 2011）采用类似的方法，研究了农村地区的地方意义与自然资源管理之间的关系。在农村地区，自然基底是人们周围环境和经济的核心。他考虑了地方的七个不同方面——个人认同、家庭认同、自我效能感、自我表达、社区认同、经济和生态完整性。这些与资源管理规划的可能结果存在统计学上的联系，包括生态完整性、经济、生活方式、生活质量、空间感和社会团结。研究结果表明，管理目标可以在加强“物理空间感”方面发挥重要作用，特别是在建筑、景观的独特属性和城市规模方面。通过培养社区感和地方自豪感，能够加强社会团结。

一个补充的方法是利用意义建构理论（sensemaking theory）来理解人们关注环境或回应环境方式上的差异（Weick, 1995）。意义建构与认同感密切相关，因为人们倾向于以符合自我意识、自我感觉良好的方式来理解世界。人们从环境中提取线索，对它们进行加工以创造意义，使它们成为参照，围绕其形成一种对可能发生的事情的普遍感觉。人们从环境中提取的线索取决于人的心理框架、认同、价值观、信仰和过去的经验。因此，意义是通过将线索与框架联系起来的过程构建的，而线索的意义则通过其与过去的经验、价值观和信仰之间的联系来赋予。福特（Ford, 2006）借鉴意义建构理论来了解人们对塔斯马尼亚（Tasmania）森林砍伐的态度。众所周知，人们对自然环境的重视和对森林砍伐后果的设想会影响他们对于不同木材采伐系统的接受程度。该研究表明，不同的人群，特别是当地居民和游客，对相同的线索赋予不同的含义，从而对景观管理的可接受程度做出不同的判断。

“地方感”一词虽然被广泛使用，但其使用方式往往相当模糊。沙麦和伊拉托夫（Shamai and Ilatov, 2005）是对该术语进行更严谨、更深层理解的最重要的贡献者之一，提到了不同研究者应用该术语的两种主要方式。其一，地方感或场所精神常被用来探索几个不同的方面，特别是地形地貌特征、建筑环境和人们自身的经验。其二，地方感被着重用于强调人们体验、使用和理解地方的方式，从而产生了一系列相关的概念，如地方认同、地方依恋、地方依赖（place dependency）和内在感觉（insiderness）。由于不同学科在理论和方法论方面截然不同，因此学者们对地方感的广义概念进行了探讨。例如，人文地理学和社会人类学将地方感与“牢固且健全的自我意识”这一概念联系起来，形成了很大的影响力，并倾向于关注建筑、街道或景观给人带来的内在体验，即倾向于让人们描述地方对他们而言的重要性，而非将政策制定者创造的术语强加在人们的经验之上（如公民自豪感）。相比之下，环境和社会心理学家则致力于将这些想法转化为可量化探索的指标。这些不同观点的关键在于，在理解人与地方的关系时，人的有意识经验和无意识经验的相对重要性和相互关系。

一方面，一些人倾向于使用“厚重”的描述定性方法来探索日常生活经验中复杂的地方性，试图通过田野笔记和深入访谈，将个人行为置于更大的日常互动的语境中来理解。这使人们深入了解到，人们自己是如何通过“生活经验”将不同的地方构成元素整合在一起的。人文地理学家研究了人们如何体验地方，以调查诸如“无地方性”等现象以及人的“根性”和地方依恋是如何被侵蚀的。雷尔夫（Relph, 1976）和段义孚（Tuan, 1977）等地理学家通过现象学的方法，强调了人们是如何通过身体、感觉和体验而非有意识的思考（认知）居住在一个地方的。

另一方面，社会心理学家将“地方认同”作为一种复杂的认知结构进行研究，包含大量不同的态度、思想、信念、意义、价值观和归属感。他们通常用不同的量表来测量（如 Shamai and Kellerman, 1985）。他们通过各种认知，把地方认同看作是自我认同的认知子结构，这些认知定义并限定了人的日常生存方式，并且连接着过去、现在和预期的物理环境（Proshansky et al., 1983）。因此，地方的物理属性被认为是影响个体的自我概念的重要因素。地方认同有时被详细阐释为地方依恋和地方依赖两个概念，但对二者之间关联的看法仍未达成一致。例如，约根森和斯特曼（Jorgensen and Stedman, 2006）认为，地方感的最佳解释由三部分组成，即地方依恋（与地方的情感接触有关）、地方依赖（一种意动特征，以行动为导向，基于地方特征来做特定的事情）和地方认同（主要涉及认知和意义构建）。

有学者认为，地方依恋是人与地方的一种紧密连接，是随着时间的推移而发展的。特维格罗斯和乌泽尔（Twigger-Ross and Uzzell, 1996）的一项定性研究确定了地方认同的三个原理，表明地方如何促使人们产生积极心态，即：独特性，人们利用地方性将自己与他人区分开来；连续性，自我的观念会随着时间的推移而被保存下来，因此，地方能够让人感觉到整个生命过程的连续；自尊，地方对个体产生一种积极的评价。当然，在令人沮丧和失望的环境中，地方认同可能是消极的，很可能会在一定程度上使人感到羞耻（Edelstein, 2004）。从类似家庭或街道的小地方，到一个国家甚至整个地球，地方依恋可以在不同的地理和空间尺度上形成（Nanzer, 2004）。上文提到的地方依赖有时也被称为功能依赖，指的是一个地方支持人们实现目标或进行某些活动的方式。地方依赖通过自我效能的概念与地方认同联系在一起（Korpela, 1989）。地方依赖和自我效能都倾向于用来表明，当一个地方支持人们实现想要的生活方式时，人会对该地产生更强的依恋。格雷厄姆等人（Graham et al., 2009）更细致地研究了与历史景观相关的"地方感"概念，并特别关注是否有可能确定历史环境、地方感和社会资本之间的关系（专栏 5.2）。这有赖于将地方独特性（是什么使一个地方与众不同）、地方连续性（一个地方如何支持人们与他人、与过去形成一种连续感）和地方依赖性（一个地方如何支持人们实现他们的目标）联系起来。社会资本和地方感之间的联系可以从地方依恋及其影响效果的关系中找到，例如个体较高的自尊感或地方自豪感。此外，遗产相关研究还探讨了"过去"作为一种途径，是如何支持共同价值观和公民身份的。一个获得广泛认可的结论是，创造、展示和参与等更积极的参与形式更有利于社会资本的产生。由"地方"促进的各种社会互动体现了地方依赖与社会资本之间的联系。

专栏 5.2　社会资本与地方感的关系（摘自 Graham et al., 2009）

- 地方依恋和社会网络似乎是在一个良性循环中联系在一起的，尽管二者的先后顺序存在分歧；
- 尽管某些类型的建筑环境确实提供了安全和吸引人的公共空间，能够支持社会活动并激励人们，但对于地方依恋的形成而言，社会网络可能比建筑环境更重要；
- 地方依恋、自尊和共同的自豪感之间关系的探寻，是理解地方感和社会资本之间关系的一个关键途径；
- 人们越是积极地参与遗产或地方营造相关的活动，所形成的社会资本就越大；
- 社会资本也可能与地方依赖有关，因为人们通过共同的兴趣和活动认识了其他人；
- 人们越积极地参与地方性营造相关活动，便越有机会连接各种形式的社会资本，实现社会资本效益，如公民身份、幸福感和视野的扩大人与景观连接的相关争论往往形成两极分化，其一，认为地方认同完全是一种社会建构；其二，认为地方认同与建筑特征和独特性等物理属性有关。斯特曼（Stedman）及其同事的研究（Jorgensen and Stedman, 2001, 2006; Stedman, 2002, 2003）指出，对地方建构以及人们对特定景观的认同，很可能是物理和社会因素结合的产物。他们对环境特征、环境的人为使用、建构的意义、地方依恋和地方满意度进行了综合研究。例如，在一项对美国威斯康星州（Wisconsin）一个湖泊丰富的地区的研究中，他们对沿湖居民进行了调查，结果表明，某些物理景观属性（特别是湖滨开发水平）与特定的地方依恋和满意度密切相关。态度理论（attitude theory）将自我信念、情感和行为承诺结合在一起，也被用来探索地方体验和地方特定景观属性之间的复杂关系。研究也关注了湖岸业主对湖岸地产的地方感，结果形成了一个由业主年龄、拥有时间、参与娱乐活动的情况、在地产上花费的天数、地产开发程度和对环境特征的看法组成的预测模型，用来解释地方认同、地方依恋和地方依赖的变化。结果发现，环境特征认知是地方维度的最大预测因素。马塔里塔卡斯坎特等人（Matarrita-Cascante et al., 2010）同样发现，景观元素（如公园、森林、纪念碑、休闲区）对社区依恋有影响，这种影响对常住居民更为强烈，对季节性居民也很明显。

约根森和斯特曼（Jorgensen and Stedman, 2006）在很大程度上借鉴了态度理论来解释“景观地方感”，从认知（如信念和观念）、情感（如情绪和感觉）和意动（如行为意图和承诺）三方面开展阐述。态度理论指出了工具性行为（instrumental behaviours）和完成行为（consummatory behaviours）之间的区别：前者是由具有强大认知基础的态度所驱动的，因此是作为达到目的的手段而进行的，而后者则主要由基于情感的态度所驱动的，是为了满足自己的目的、享受或兴趣而进行的。认知型行为（cognitive-based behaviours）和情感型行为（affect-based behaviours）之间的差异影响了态度 – 行为关系（attitude – behavior relationship）和态度的形成。因此，地方感可以被设想为一个多维度的概念，包括特定地方的信念（地方认同）、情感（地方依恋）和行为承诺（地方依赖）。因此，地方认同倾向于表达这样一种想法，即自我的概念与拥有特定景观（在这里是指湖边的房产）有关。而地方依恋被定义为对这一拥有之物的积极感受，地方依赖则涉及这一特定拥有物相对于其他环境的行为优势（the behavioural advantage），例如，一个地方在多大程度上促进了某些类型的娱乐活动。总的来说，“地方感”似乎不应局限于意动概念或认知概念。例如，已有研究证实了物理景观属性是如何对地方认同产生有益影响的，地方感预测因素研究中最一致的结论是，业主对保留其房产土地上原生植被的积极态度与地方感的三个维度值都呈正相关。

其他研究者则更多关注地方性的社会构建（如 Manzo and Perkins, 2006）。卡斯特尔（Castells, 1983）提到，空间是由各种因素“制造”出来的，这些因素常体现在人们对日常空间的使用和地方意义的理解上。因此，我们是谁，我们觉得我们属于哪里，都会受到自我认同的影响，例如性别、种族、民族、社会经济群体以及“是否觉得自己被边缘化”或者“觉得自己是局内人还是局外人”（Bradley et al., 2009）。这种相互作用可以从传统的社会心理因素来追溯。因此，在认知维度上，既有地方认同，也有社区认同（即一个人从社区的不同地方和社区社交中获得信息，从而形成的自我意识）。情感维度是指一个人与社区或社区特定地方的情感关系，并形成地方依恋以及与邻居和其他当地社群的情感关系（社区感）。最后，行为维度包括人们参与社区规划、保护和发展的工作（强调“地方性”的行动）以及参与社区和其他社会活动（面向社会的相关行为）。与地方的情感纽带特别有助于激励人们采取行动去寻找对他们有意义的地方，并留下来对其进行保护和改善。因此，人们通过社会网络、参与性过程和社会学习形成的与“地方”的连接，弥补了人们在物理层面的弱连接。

个体生命过程中的年龄或地位似乎会影响地方感，年轻人可能更重视非正式的社会群体，而年长者可能更重视地理位置或直接的家庭环境。在一个地方居住的时间长短也被假设为地方性的潜在预测因素，尽管证据并不非常清晰，但在居住时间较长的个体似乎更有可能与其他居民以及该地方的物理属性建立重要连接。

艾森豪尔（Eisenhauer et al., 2000）将社会性和物理性结合在一起，提出地方感主要包括两个部分：一是与家人朋友的互动、家庭活动和传统，以及此地人与环境的相关记忆；二是基于对该地区自然所拥有独特性的认知，与该地区的风景、气候、地质、环境条件和野生动物有关。自然和文化环境、家庭和社会活动、历史和传统都是地方情感纽带培育的重要因素（Kaltenborn and Williams, 2002）。大体上，不同学术背景的研究者似乎达成了一个共识，即地方感是地方的物理—环境和个体—社会互动的结合产物。然而，地点本身并不是创造地方感和地方依恋的充分条件：在人的意识和潜意识中，与某一特定地点或区域的联系，是建立在长期而深刻的体验、相关的仪式、神话、意义、象征和品质的基础之上的（Bradley et al., 2009）。

尽管人们普遍认为，一个地区绿色空间的数量和品质会使人们对地方产生积极的感受，但绿色空间与犯罪和反社会行为的联系也令人担忧，这会降低人们的安全感，进而对生活品质产生负面影响。这种感觉通常被称为“主观社会安全感”：人们的行为往往不是基于一个地方的实际风险，而是基于风险感知。因此，即便人的社会安全和犯罪率的感知常常与实际不符，也会对一个地方的形象和使用产生重大影响。一些环境能给人安全感，一些会让人内心不安。一方面，绿色空间有时会让人觉得危险，因为它可能为犯罪活动提供了藏身之处，从而为犯罪提供便利；另一方面，接触某些类型的自然环境似乎会增强社区的社会安全感，因为绿色空间可以缓解愤怒，降低攻击性，并提高（对犯罪行为的）非正式监视的水平（Kuo and Sullivan, 2001; Maas et al., 2009）。

马斯等人（Maas et al., 2009）研究了人们生活环境中绿色空间的占比是否与人们的主观社会安全感相关。具体来说，他们调查了这种关系在城乡之间、在较脆弱和较顽强的群体之间以及在不同类型的绿色空间之间的差异程度。大量有关主观感受与住区自然景观的相关数据研究结果表明，较高的绿化水平与较高的社会安全感相关，但不包括某些高密度的城市地区。在高度城市化地区，建筑的规模和密度可能会影响犯罪恐惧心理，其维护不善也是可能的原因之一。研究还发现，女性和老年人在有更多绿色空间的环境中生活会更有安全感，这似乎与其他一些发现相矛盾。

奥尔维格（Olwig, 2008）将人的地方依恋与羊群对各类土地的依恋（hefting，斯堪的纳维亚语）现象进行了比较。羊群会对其熟悉的特定牧场产生依恋，因此牧羊人可以预测它们从一个牧场到另一个牧场过程中遵循的周期性路线。依恋不仅包含羊群对土地的依恋，也包含其对羊群纽带所在的社会单位的依恋。斯堪的纳维亚语中的"heft"一词，用于动物时，指的是它们习惯了一个新的牧场之后产生的依恋，而用于人时则表示他们在一个地方定居，在新工作中安顿下来或明确了自己的地位后产生的依恋（Olwig, 2008）。虽然动物行为对于人类的意义只是隐喻或象征性的，但非常有趣的是，二者都来自实际的身体参与，即在牧场上行走。当人们不断地行走和穿行，并同样习惯性地使用环境中的其他元素时，一个区域就会被编织在一起，并形成奥尔维格（Olwig, 1996）所说的由居民的日常行为习惯所创造的"实质性"景观（'substantive' landscape）。

在英格兰中部，一个名为"国家森林"（the National Forest）的项目自 20 世纪 90 年代初以来，一直在试图将以往的矿坑地貌转变为多功能且有特色的新景观。当前的一些证据表明，该地区的人们开始形成一种新的地方感（Morris and Urry, 2006）。研究人员发现，人们对森林的看法是积极的，特别是因为森林改善了环境和经济条件。这些对地方的积极看法促使人们越来越信任、支持国家森林公司（the National Forest Company）及其伙伴组织的体制框架和他们提出的愿景。森林体验中也出现了新的社会互动，景观变化与森林的"社会性"发展之间有着明显的联系。在森林中组织开展健康步行活动、当地企业社会责任项目开展的志愿服务为社会网络的重新配置、人际纽带的新形式提供了条件。其他志愿者活动和"之友"团体（'friends of' groups）也出现了，实际接触的增加使得农民与更大社区间的关系发生了重大转变。森林为人们所提供的物质精神满足加固了人与森林之间的关系，人们将森林作为"属于自己的区域"来适应，回忆该地区的工业历史并畅想它的未来。就该地区不断变化的经济而言，森林正在成为政治、经济新型合作网络的催化剂。

健康与幸福感

如前所述，景观似乎对人的身心健康以及更广泛的幸福感有重大影响。一些发达国家的研究表明，只有不到一半的人口能够达到建议的每周5次、每次30分钟的适度体育活动频率，与此同时，肥胖率的增加及其相关的卫生服务费用受到了人们的高度关注。规律的体育活动有助于预防20多种健康问题，因此，积极参加体育活动能够降低患上常见慢性病的风险，如心脏病、中风、某些癌症和II型糖尿病（Chartered Institution of Water and Environmental Management, 2010）。

沃德·汤普森（Ward Thompson, 2011）追溯了从古至今景观与人在健康方面的连接，发现“如何进入自然和吸引人的绿色空间”已成为疗愈性环境和相关健康生活方式描述中反复出现的主题。她阐释了18世纪英国“风景如画”（the picturesque）讨论中的健康话题（包括“活跃的好奇心”（active curiosity）等概念），是如何在19世纪英国和北美的城市公园运动讨论中被采纳和发展的。后来，健康、自然及其使用权之间的联系开始有了科学探讨，也探讨了其与城市现代生活方式之间的关系。然而，尽管景观的有益价值早已被认识，但对景观与健康之间的因果机制的认识才刚刚开始。

相关研究要么倾向于关注植被及其他自然景观的视觉接触对心理、恢复的益处，要么就从生理层面关注压力和恢复。例如，乌尔里希（Ulrich, 1981, 1984, 1992, 1999）利用一系列的经验证据表明，观赏绿地或其他自然景观的好处不仅是获得审美享受，还能增强情感上的幸福感，减少压力以及在某些情况下促进健康。其他研究发现，如果囚犯从牢房里能够看到更多的自然环境，其使用医疗设备的次数就会大大减少（Kaplan, 1992）。

在身体健康方面，景观为人提供了锻炼的机会、更健康的空气和水，并可能使人在某些治疗过程中恢复得更快。在心理健康方面，景观有助于平静、放松、恢复和陪伴（companionship）。在更广泛的幸福感方面，景观可以促进积极情绪，增强自我认同。在实际研究中，实地证据并不能清楚地区分这些不同方面，而就人类经验而言，这些益处往往是重叠的，不易分类分析。因此，本节中的许多例证对健康和幸福感的多个方面都有影响。

一项基于谢菲尔德系列城市和郊区绿地进行调查的研究发现（Fuller et al., 2007），使用者是能够察觉到一个地方的生物多样性水平的，而且随着生物多样性的增加，他们获得的心理益处也会增加。研究人员使用了各种与幸福感相关的测量方法，如反思（reflection）、独特性认同（distinctive identity）、过往连续性（continuity with the past）和依恋等，发现这些与植物、鸟类丰富度和栖息地类型数量呈正相关。事实证明，人们很善于估计绿地中的生物多样性水平，特别是其中显眼、静态的组成部分，如植物种类多样性以及生境类型。生境结构及其多样性被认为是人们感知生物多样性并从中获得益处的线索，即一种代理机制，能够提高人们的心理健康水平以及对多样性判断的准确度。若果真如此，提高对于生境斑块镶嵌体（a mosaic of habitat patches）管理的重视程度，或许能够改善城市居民的幸福感、生物多样性水平以及生态系统服务。结果表明，若只是简单地提供绿色空间，就忽略了空间对于改善健康和生物多样性的作用可能存在巨大差异这一情况，因此，对于绿色空间管理者来说，将目标设为增加和保护生物多样性会是一个好主意。

许多研究都证明，置身于自然环境或自然体验对人类的健康幸福有益，莫里斯（Morris, 2003）对这些研究进行了系统性的综述，他发现，即使是较为短暂的自然接触也被证明对心理有益，能够缓解压力，提高注意力，对精神恢复产生积极影响。除了心理益处之外，似乎还有更直接的身体健康益处，如有助于延长寿命、术后恢复以及提升自身的健康状况。自然的可获得程度与健康呈正相关：这些益处与各类自然体验有关，涉及荒野、社区公园、花园和住宅周围的自然环境。自然的减压作用可能是关键，因为压力被认为是心血管疾病、焦虑症和抑郁症等几种常见疾病的病因之一，并且影响整个病程。上述大多数研究的主要关注点是这些益处形成的原因。乌尔里希指出了四种可能的益处：在自然环境中往往和体育活动挂钩，这显然能促进健康；自然环境中的活动往往与社交活动相关，例如与朋友一起散步或坐在公园里，有利于建立社交网络；自然环境提供了一种短暂逃离日常生活的机会；与自然环境的互动可能会对人的心灵产生重要影响，因此，在自然环境中学习活动或许能产生特殊的益处。这种自然环境有益于健康的想法引发了有组织的活动，如疗愈性园艺活动，即一群人聚集在一起开展园艺及类似活动。尽管经验证据有限，但对于那些遭受心理健康困扰和存在学习困难的人，疗愈性园艺活动还是取得了一些成功。

大自然之所以能够带来这些益处，至少有三个可能的原因：空气中的污染物较少、湿度较高，因而更健康；植物散发出的香味令人愉快，或可能引发人们的其他反应；观看植物的视觉体验可能会产生不同的效果，通过图片观看自然环境可能有益，但直接观看真实的自然这种效果会更明显。研究发现，自然景观的视觉体验能够给人带来身心健康上的益处，包括压力减轻、精神恢复并通过有意或无意的视觉享受实现情绪改善。乌尔里希（1984）有一篇著名但饱受争议的论文，其中，他利用医疗记录推断出：病房窗外可见的自然景观能够提高疗效，这体现在止痛药用量更少、术后恢复时长更短两个方面。研究认为，自然景观一贯具有益于健康，而城市景观则会产生消极影响（Velarde et al., 2007）。卡普兰夫妇（Kaplan R and Kaplan S, 1989）指出，距离遥远的自然或荒野并不是唯一有助于恢复性体验的环境，反之，附近的小规模自然景观具有非常重要的优势，即邻近性。

由于地方认同可能也具有恢复性效益，因此，科尔佩拉（Korpela, 1991）认为，恢复性体验在个体产生因地方认同而产生情绪和自我调节的过程中非常重要：人们在经历了威胁性事件或糟糕情绪后，往往会到他们最喜欢的地方放松、冷静和理清思路（Korpela, 1989; Korpela and Hartig, 1996）。事实上，对一个地方的熟悉程度、亲身体验和了解会影响人的偏好（Livingston et al., 2008）。这种依赖环境的自我调节似乎为恢复性环境和地方认同的概念之间提供了明晰的关联。人们偏爱的地方一般是指有绿化、有水、有风景的地方。在这些地方，恢复性体验的产生，首先源于体育活动的增加，这能改善情绪、减轻压力并培养积极的自我认知，其次源于周围环境的感官品质。文献表明，接触自然环境能够带来五个方面的益处：提高个人及社会沟通技巧；改善身体健康；改善心理和精神健康；强化精神、感官和审美意识；提高个人的控制力（可能是通过提高对幸福感的敏感度实现的）（Morris, 2003）。

景观通过两种方式改善居民的身体健康：鼓励锻炼；普遍提高宜居性和宜人性。在锻炼方面，最常见的是步行，在发达国家，步行已经成为一种娱乐形式，而非主要的交通方式。快步走是成年人提高心肺功能、维持人体成分、增强肌肉力量和耐力的一种简单而有效的方法。步行还可以恢复人的自然感知，将人与自然界的物理环境连接起来（Edensor, 2000）。因此，现在医生会常常开出“健走”处方，并组织园艺活动和野生动物保护行动（“绿色健身房”）。户外活动被广泛认为是一种逃避现代生活压力的方式，令人放松、提神，以迎接新的挑战，并有助于降低焦虑和压力水平。“绿色健身房”项目的参与者，尤其是那些抑郁症患者，也发现自己因此改善了心理健康，也提高了幸福感（BTCV, 2002）。此外，通过感受风和阳光、聆听水声、闻植物气味等，人们的精神、感官和审美意识可能得以加强。户外娱乐，尤其是步行，是一种多感官和刺激性的体验，可以解放思想，形成反身性（reflexivity）、产生哲思和审美观照，并开启一个更“自然”的自我（Edensor, 2000）。健走和“绿色健身房”的参与者还表示健康效益之外，他们还体验到一种重新“与自然接触”的感觉（Bird, 2007）。

景观中的活动也有利于个人和社会沟通技能的提高。在自然开放空间内活动有助于建立信心和自尊、发展基本的社会技能、保持或提高生活品质，并为使用者提供一个新的话题（Morris, 2003）。米利根和宾利（Milligan and Bingley, 2007）发现林地是一类有效的青少年心理健康服务场地，这与完成技能型任务而获得的成就感有关。罗和阿斯皮诺尔（Roe and Aspinall, 2011）同样发现，有极端行为问题的男孩在森林景观中的体验对其行为有恢复作用。他们表示，随着时间的推移，信任、探索性活动和社会凝聚力的增加，使男孩们的情感反应变得积极。除了短期的“恢复”似乎还有证据表明这些体验或许能让幸福感得到长期的“恢复”（Hartig et al., 1996）。

卡恩和科勒特（Kahn and Kellert, 2002）收集了大量证据，从更普遍的意义上证明了儿童需要与自然界有丰富的接触，以促进身体、情感、智力甚至道德的发展。在此背景下，卢夫（Louv, 2005）发现了“自然缺失症”（nature-deficit disorder），他认为这是由于儿童逐渐失去与自然的接触而引起的现象，因为儿童的闲暇时间甚至是教育时间越来越多地被室内环境和虚拟环境所占据。这被认为是导致肥胖症、注意力障碍和抑郁症患病率上升的主要原因。卢夫认为，社会的发展正在剥夺年轻人直接体验自然的机会，部分原因是对户外活动的过度管制，也有部分原因是传统学科（如动物学和地质学）的降级，让位于回报率更高、更容易申请专利的学科。因此，随着年轻人花在自然环境的时间越来越少，经验的丰富性也在减少。卢夫认为，当下的趋势正与“接触自然对身心和精神健康有益”这一新发现背道而驰。事实上，有人指出，以特定的方式增加青少年与自然的接触，正成为注意力缺失症和其他疾病的一种公认的治疗模式。减少青少年的“自然缺失”似乎对他们的幸福感和地球的未来都很重要。绿色空间所提供的一个特殊的教育机会是“森林学校”，它起源于20世纪早期的欧洲，是一种与大自然有关的教学方式，最近已经正式形成一些教育项目。这种“学校”要求学生定期、持续地到当地的森林进行户外学习，步行是首选的到达方式。研究发现，这种方式有助于社会、情感和体格的发展。这种“学校”可以作为孩子的意识和能力的培训学校，也可以作为更正式的职业培训场所，提供乡村技能培训。

各种证据表明，野外体验和拓展训练课程作为一类辅助性治疗方式卓有成效且有价值，这通常是针对精神病患者、有问题行为的青少年、患有创伤后应激障碍的退伍军人以及酗酒吸毒者。例如，豪根等人（Haugan et al., 2006）通过挪威的“绿色关怀”项目（the Green Care programme）证明了景观的疗愈效果，该项目向学校以及保健和社会护理服务机构提供基于农场的服务。农场中会开展广泛的活动，如幼儿园、课外项目、日托、学校项目和主题性任务、专为有特殊需求学生提供的教育，以及为精神病患者、智力受损的成年人和痴呆患者设计的活动和工作。这些有益的活动是在无压力的环境中开展的，其关键在于通过实际的挑战和体验进行学习，同时进行社会性训练和社会互动。那些专门设计的疗愈花园也越来越广泛地呈现出这类益处。“园艺疗法”的开展方式，有时就是直接让人们直接参与到此类空间的维护中去（Beckwith and Gilster, 1997;

Cooper-Marcus and Barnes, 1999）。

保莱特等人（Pauleit et al., 2003）提出了通过设计手段来鼓励更多的公众接触绿色空间的具体内涵，并引起了人们的注意。首先，面积的大小很重要——例如，当公园面积大于 1 公顷时，就会形成内部微气候，而对林地休闲活动的研究表明，人们希望他们周期性到访的树林至少应该有 2 公顷。其次，交通便利性也很重要，因为绝大多数的公园使用者都是步行到达公园的。从家里步行 5~6 分钟似乎是一个临界值，超出之后，绿地的使用频率就会急剧下降。再次，绿色空间的自然感很重要。然而，虽然生态学所谓的"自然感"强调的是物种丰富度和稀有物种的出现频率，但大多数绿地使用者将自然的宁静看作城市喧嚣生活的对比。一个公园所能提供的自然体验是公园吸引人的重要品质，但这却往往不是最重要的品质。最后，将绿色空间与其他系统联系起来形成更广泛的连接，对使用者也是有益的，例如通过绿色空间调节周边建成区域的气温，并提供有效的步行和自行车路线。

就优美的环境对健康的广泛益处而言（尽管因优美环境引起的体育活动的增加也是变量之一），米歇尔和波帕姆（Mitchell and Popham, 2009）提出了一些令人信服的证据。这项研究审查了总死亡率、死因别死亡率（cause-specific mortality）、收入和绿色空间的国家层面的相关数据集，以及各方面之间的联系。作者推测，若人们进入绿色空间的机会较多，那么与收入有关的健康不平等现象在这些人身上便不那么明显。一些疾病的致病原因与社会地位低有关，而进入绿色空间在一定程度上扭转了这种情况。就低收入群体而言，有证据显示，接触绿地的方式不同，在死亡率上会呈现出明显的差异，尤其是循环系统疾病导致的死亡。从区域上看，在绿化程度最高的地方，收入较低却不太会导致健康不平等现象。相比之下，像肺癌和故意自我伤害这类不太可能受景观影响的死亡原因，在绿化水平不同的地区之间没有显著差异。这有力地表明，一个地区人口能够接触到的绿色空间越多，人口健康不平等程度越低。因此，在收入和社会经济地位低的地区增加足够数量和品质的绿色空间来改善物理环境，可能会减少因社会经济导致的健康不平等。绿地对健康更广泛的贡献主要与空气质量有关。例如，城市地区的大流量交通可导致污染物（依据欧盟标准，包括二氧化氮和10微米及以下颗粒物）超标，其中二氧化氮与哮喘的关系尤为密切。绿色基础设施有助于改善空气污染，并通过提供更具吸引力的绿色交通方案，减少短途出行对汽车的依赖（Chartered Institution of Water and Environmental Management, 2010）。

连接主动交通网络

可持续交通战略，旨在减少与人类移动模式有关的碳足迹。该战略通过多种方式实现这一目标，还附带形成另一些效应，例如通过鼓励“主动交通”（如步行或骑行这类需要体力的出行）来提高健康水平。实现这一目标的主要方式包括：建立便捷安全的人行道和自行车道网络，鼓励使用小型或燃料替代汽车，通过促进街道的“共享空间”来减少汽车交通的影响，使公共交通更具吸引力，减少通勤距离。显然，城市景观是这些活动的重要因素，特别是城市景观为主动交通提供了具有连接度的基础设施。英国政府试图通过规划政策，让自行车、步行和公共交通的使用在大多数出行类型中比汽车更方便，从而成为出行方式的首选（Department for Transport, 2008）。然而，这一目标是在明确了经济增长点的前提和生态城市的语境下制定的，对于生态新城开发，其基础设施可以从一开始就进行合理规划；而对于通常情况而言，需要通过改造现有城市结构来连接线路，相比新城这要困难得多。

美国率先提出的“绿道”（the Greenways）的概念，指的是由受保护的公共和私人土地构成的走廊，融合了娱乐、文化和自然特征，并提供多种公共利益。通常情况下，最实用的绿道构建途径，是借助河流、溪谷、山脊、废弃的铁路走廊、公用设施通道、运河、景观道路以及其他具有线性特征的地方开展的（Ahern, 1995）。特纳（Turner, 1995）提出了一个简单而有效的绿道定义，即“从环境角度看，这是一条很好的路线”；他还提出了一个更有说服力的定义，即“一个包含了多目标规划、设计、管理元素的线性空间，这些目标包括生态、休闲、文化、美学和其他符合可持续土地利用理念的目标”（Turner, 2006）。

绿道包含五个关键概念：线性配置、连接、多功能性、连续与可持续性和完整性（Ahern, 1995）。1998—2002 年英格兰的乡村绿道和安静小道试点项目（the rural Greenways and Quiet Lanes programme），检验了一个类似于非公路网（off-road network）的概念，通常利用现有的路线（如自行车道和运河纤道）连接人与城镇、城市和乡村的设施及开放空间。虽然绿道相当长，但实际上缺乏连贯的网络，许多路线都存在某种形式的断裂，因而缺乏出行吸引力甚至无法使用。此外，对于那些以办公室、工厂、学校等为目的地的出行者而言，这些绿道的起点和终点往往是无意义的。

官方指南指出，对潜在路线的规划，应基于可靠的需求研究，利用现有的步行、自行车和骑马路线，利用网络规划方法进行。绿道规划的优点之一，是实现了网络的综合规划管理，反映不同使用者的体验，实现不同使用者共享路线的机会，同时发现不协调的地方。但实践往往与政策有差距。英国的一项调查发现，绿道规划在实践中缺乏积极性且没有明晰的方向；大多数绿道实际上只是带有小径的线性公共开放空间，而不是多目标的景观，且通常是由普通人设计而非绿地规划专业人员（Turner, 2006）。虽然当前这方面已积累了丰富的经验，但困难依然存在。苏格兰的格拉斯哥（Glasgow）和克莱德河谷（Clyde Valley）的绿色网络项目（Green Network）提供了一个有关伙伴关系措施的优秀案例，获得了国家政策和城市 - 区域景观框架的支持。即便如此，在实施过程中还是遇到了严重阻碍，例如邻近绿色空间联系的缺乏、当地绿色空间质量的局限，以及步道网络、骑行设施和公共交通方面的缺陷（Smith et al., 2008; Chartered Institution of Water and Environmental Management, 2010）。

有关绿道的经验大多来源于乡村地区，而城市地区，道路破碎化、土地集约改造的问题非常复杂。例如，欧洲绿道协会（the European Greenways Association）在大力推广乡村休闲路径案例时，也强调将专用的主动交通线路并入城市机动车道，并恢复已失去运输功能的旧时运输路线，用以形成其他连接。北美的许多城市都在尝试建设绿道网络，虽然有一些城市现有的开放空间和可开发路网资源较为稀少，但其他一些城市则保留了一系列深入人心的历史开放空间，将其并入绿道网络。埃里克森（Erickson, 2004）研究了美国密尔沃基（Milwaukee）和加拿大渥太华（Ottawa）的绿道实践，关注开放空间规划、绿道发展现状以及地方规划结构和领导力状况。这两个城市在历史发展中形成了实质性的绿道发展框架，特别是20世纪初规划的滨河风景车道。然而，区域层面的绿道规划是零碎的，缺乏一定的协调性和愿景。好在这两个城市都拥有早期的综合绿道项目，其中包含一些创新的实验项目，相关机构能力也在不断增强。然而，这两个城市都没有制定协调的绿道规划，没有描绘广阔的愿景，也没有机构有权执行绿道规划；但一些机构已经开始关注绿道的目标，并寻找机会在针对性领域开展合作。

美国田纳西州的查塔努加和汉密尔顿郡绿道（the Chattanooga and Hamilton County Greenway）是著名的成功案例，横穿大都市的线性绿色基础设施为城市提供了许多益处（Forest Research, 2010）。绿道的第一段是田纳西河公园，创建于20世纪80年代末。1989年查塔努加政府召开了绿道咨询委员会（the Greenway Advisory Board）会议，该委员会主要由基层群众组成，目的是要沿着海滨风景廊道建立一条连接住宅、公园、商业和旅游景点的高质量绿道。政府建议在沿田纳西河两岸各建一个16千米长的公园，由大型枢纽和小型地块组成，大型枢纽作为连接系统的基础，小型地块则包含自然、历史、文化和休闲特色。为了协助规划和实施，该市与非营利组织公共土地信托（the Trust for Public Land）签订合同，信托机构提供技术服务、协调服务、土地收购和保护服务。因此，市民作为协调工作的主导者，是查塔努加绿道网络的一个关键特征。基于捐赠的土地和地役权，绿道逐渐连接成为线性公园，作为环境和休闲的预留地。佛罗里达州的绿道项目（Conservation Fund, 2004）进一步表明，规划和行动必须获得各类利益相关群体、多种资金来源的支持，并由一个具有适当影响力的组织（本项目中为佛罗里达绿道委员会）进行协调。这表明，“为连接而连接”或“就把点连接起来”这类简单的机会主义方法应该被避免。也有观点认为，该网络有助于该州居民、游客与自然遗产的连接，以增强地方感，丰富生活品质。

城市食品生产

城市农业（urban agriculture）是指出现在城市地区的农业，偶尔也包含小动物和水产养殖，但在大多数情况下，主要是指在以种植水果和蔬菜为主的高产园林（Viljoen et al., 2005）。城市农业有时会借助土地的横向和竖向集约化，通过用途叠加、篱笆和墙上种植以及多作物种植，来增加特定地块上的农业活跃度。城市边缘农业（Peri-urban agriculture）是指出现在城乡交界或低密度城郊的农业，往往占地较大。因此，城市及其邻近周边存在“城市生产性区域”（urban productive area, UPA），通常用于季节性、地方性食品的有机生产。

许多国家的城市生产性区域的有效性已受到了长期检验。例如，在英国，配给地的传统由来已久，指的是地方政府整合小型非商业地块，而后出租给个人的用地。此类用地的状态以及受欢迎程度在 20 世纪中叶严重下降，但后来又强势恢复。德国的社区农圃（德语 schrebergärten）体现了欧洲大陆一种常见的土地使用传统，类似配给地，但通常被作为周末休闲花园（其中通常带有一个小型的避暑别墅），同时也用于食品生产。在古巴，地块（西班牙语 parcelas）和集约农圃（西班牙语 huertos intensivos）类似于大型配给地，服务于一个家庭或一群人，而有机花园（西班牙语 organiponicos）则是高产的城市商业花园，将所生产的食物出售给公众，其原型是中国的集约化育苗床和集约型有机农业。社区花园则由地方社区来管理使用，用于休闲和教育，在城市闲置或废弃地、医院和养老院等公共建筑周围广泛建立。城市农场类似于社区花园，但会饲养一些家禽和小动物，其意义在于教育而非生产，其所能生产的农产品也非常有限。此外还有家庭花园被广泛用于种植水果和蔬菜（Viljoen, 2005; Mougeot, 2006）。

城市农业是一种重新连接社区及其生产性景观的有效方式，被大力提倡。城市农业有望提高城市食品安全，即任何人在任何时候都能获得足够数量和质量的食品供应，不会受气候和收成、社会地位和收入的影响（Petts, 2001）。此外，这还有助于增加“替代性收入”，即此类生产性区域的农业产品替代了通过市场购买的产品，从而获得间接收入。此类农业一般由当地人参与，呈现出劳动密集型的生产模式，相比于主流农业，对机械化和化学投入的依赖要小得多。

生产者直接消费或通过一系列当地销售点进行食品销售，能够最大限度地减少“食物里程”（food miles）。更广泛地说，城市农业有益于健康饮食，增加社区组织和凝聚力。可以说，城市农业和城市边缘农业刺激了整个食品供应链，从而增加就业机会、减少城市贫困、促进社区参与、降低能源成本，同时使循环水、有机废物等资源得到更好的利用并改善营养条件。

据报道（Commission for Architecture and the Built Environment，未注明日期），食品生产、加工和运输的碳足迹占人均碳足迹总数的 8%、生态足迹的 23%。加内特（Garnett, 2000）曾指出，伦敦的食品系统存在本质的不可持续性。伦敦的生态足迹是城市总用地面积的 125 倍，需要的生产性用地面积相当于整个英国的生产面积。虽然当地政府的回收和堆肥计划在一定程度上改善了这种情况，然而在开展这项研究的时期内，伦敦的有机废物年产量近 90 万吨，其中有 60 多万吨源于家庭有机废物（占家庭废物总量的 40%）。有人建议将城镇的绿色空间利用起来，在社区果园、商品菜园、配给地、学校操场以及私人花园上进行食品种植，来减少与食品有关的生态足迹。21 世纪初，英国各地建立了一些举措，如曼彻斯特联合卫生局（the Manchester Joint Health Unit）的食品战略，将一些食品生产和堆肥活动引入城市内部，建立一个更加闭合的循环系统；托德莫登的难以置信的可食用项目（Incredible Edible Todmorden）旨在实现本地蔬菜的自给自足，如用蔬菜、草药和水果取代公园、花坛中的一些观赏性植物；伦敦的社区种植项目“增值”（Capital Growth），为那些希望种植属于自己的食物的社区提供支持，例如为社区提供获取土地的便利，并举办“食用地产”（Edible Estates）竞赛，奖励社区食物项目；米德尔斯堡（Middlesbrough）的城市农业（Urban Farming）项目等，包括一年一度的“城镇餐食”活动（庆祝食物种植与丰厚回报，是该项目的年度焦点）以及公地“种植区”；伯恩利（Burnley）的朴门永续设计项目“旁枝”（Offshoots）的延伸领域涉及园艺、社会工作、疗愈、食物生产以及社区计划（例如堆肥）。

拉文斯克罗夫特和泰勒（Ravenscroft and Taylor, 2009）评论了食品公民化（food citizenship）现象，认为这是人们主动参与本地食品系统的结果。这种活动有助于培育人的各种能力，包括分析能力（用于建立连接）、关系能力（relational competencies，食品供应链中参与者的新型组织关系）、伦理能力（ethical competencies，对非市场货物的重视）、审美和精神能力（连接农业和食品与“美”）以及身体能力（与运动和技能有关）。食品系统地方化的许多益处都与缩短食品供应链有关，公民能够因此更好地了解食物的生产过程和其实际生产者。相比于原先的“生活源于土地”的理念，新的“与土地共生”的生活理念是这种新关系的核心。因此，缩短生产者和消费者之间的空间和文化距离，或许能在很大程度上增强人们对于珍惜食物和保护土地的责任感。然而，拉文斯克罗夫特和泰勒认为，若仅仅将城市农业视为一种食品生产的替代性方法，与社区行动（市民劳动）相关的本地化与可持续性之间更深层次的联系可能会被忽略。因此，城市食品生产可以被看作是一种再生农业，市民劳动社区在其中进行食品生产并形成相应的景观。再生农业企业的常见形式包括社区“共享”农业、社区所有的社会企业以及各类土地信托。

维尔容等人（Viljoen et al., 2005）提倡“城市生产性区域”的空间连接理念，即“城市连续性生产景观”（continuous productive urban landscape, CPUL）。这是一种设计理念，主张将相关的生产性景观连贯地引入城市，作为城市可持续基础设施的基本要素。“城市连续性生产景观”概念的核心是创造城市多功能开放空间网络，以补充和支持建成环境。城市连续性生产景观空间的主要特征包括城市农业、户外休闲商业空间、自然生境、生态走廊和非机动车交通路径。该网络将现有的城市开放空间连接起来，保持其现有功能并在某些情况下进行功能变更。在“城市连续性生产景观”的概念中，城市农业主要指水果蔬菜的生产，因为在这种情况下城市土地的产量最高。典型的城市农业实体包含从小规模的食品园艺到产量高、空间效率高的市场园艺。

洛弗尔（Lovell, 2010）认为，城市农业为美国高密度人口地区提供了另一种多功能用地类型。虽然城市农业一直以来多是发展中国家城市的关注焦点，但近期发达国家对于经济和食品安全的关注也引发了越来越多的城市食品生产活动。在这些地区，城市农业为城市规划师和景观设计师提供了一个新的前沿领域，他们可以参与城市的发展和改造，使得城市得以支持社区农场、配给园（allotment gardens）、屋顶花园、食用景观、城市森林和城市环境的其他生产功能。尽管人们对城市农业的兴趣日益浓厚，但城市规划师和景观设计师往往缺乏将食品系统思维融入城市未来规划中的能力。城市农业空间的多功能性、当地居民的具体需求和偏好以及环保的要求如何通过设计来满足是未来的挑战（表 5.1）。

表 5.1　城市多功能农业规划策略

功能	问题	可能的规划策略
生产	可生产水果、蔬菜、菌茹、草药、药用植物、肉类、乳制品等产品	提供适宜、可达、安全的土地，有充足的阳光和水资源
能源保持	本地化生产减少了与投入、运输和包装相关的能源	建设支持性的地方交通网络
废弃物管理	有机废物可以被制成堆肥，用作城市农业和园艺的肥料	完善城市垃圾管理，优化有机废物回收利用
生物多样性	城市农业可以维持各种各样的物种，并有助于保留传统的品种	将一些生物多样性低的开放空间（如草坪）转换为社区花园和农场
微气候控制	通过控制湿度、减弱风力、绿化、遮阳等对小气候产生有益影响	在建成区推广种植食用植物，以对抗热岛效应和其他不利的气候条件
城市绿化	社区和家庭农业有助于城市绿色空间的发展，改善审美品质和幸福感	支持将空置及废弃土地转变为有生产力的绿地，供居民使用
经济振兴	合作社和社会企业可以为社区居民创造新的就业机会，并支持当地经济	建立联系工人、农民和市场的连接网络，帮助新企业存活与发展
社区社交	园艺和农业可以通过分享食物、知识和劳动促进社会互动	除了社区花园之外，整合其他活动和特色，鼓励社交
人类健康	城市农业提供健康食品，鼓励体育活动，并普遍改善绿地的使用	将医学实践等纳入园艺和农业，推广健康生活方式
文化遗产	城市农业可以提供现有市场中没有的民族食品	将社区花园空间与文化多样性区域相融合
教育	儿童和成年人通过城市农业学习食品、营养、烹饪、环境、经济和文化的相关知识	将园艺和城市农业纳入课程和其他项目

(Lovell, 2010)

连接经济与景观

前文提过文化景观中的良性循环和恶性循环。事实上，将主流经济与有价值的景观相结合的案例在过去的某些地方也偶尔出现过，但没有被系统地记录下来。在复杂的现代社会中，由于本国和国际经济文化的影响无处不在，景观与经济的连接很难说是完全自发的。国家干预建设开发的性质，包括对用地的细分；对于景观受损或景观枯竭的地区，国家为其提供补助并直接承担重建任务；国家能够支持景观的连续性，以提供多种生态系统服务。私人企业对景观的影响也具有分散性和跨国性，外部投资者和农业经营者都会对当地景观产生影响。以下提供两种市场与景观连接的方式。

首先，一些经济产品在生产和营销与景观品质有直接关联，最明显的是旅游（特别是“绿色”旅游）和利基农业（niche agriculture）。绿色旅游（Fennell, 2008）中的支出和就业机会可能与当地环境品质直接相关，并通过“游客回报”计划从游客那里回收资金（Scott et al., 2003）。特产食品能否获利在于其“独特性”（typicity），因而其原产地景观的知名度能使其获得溢价。英格兰的一项研究（Land Use Consultants, 2006）发现了一百多种与特定景观有明确联系的地方特产食品，其生产方法和与半自然生境的联系，为景观带来了明显的效益。研究人员认为，此类食品的总数可能被低估了。伍德等人（Wood et al., 2007）展示了一个有趣的良性循环案例——在具备生物多样性的牧场上放牧，相关动物肉产品具有更好的口感和特色。农民将有理由投资景观，因为他们的产出可以获得市场溢价。

其次，通过有吸引力的景观来吸引外来资金以及确保稳定的资金流。尽管将景观作为一种吸引投资的重要手段在可行性上很有争议，但更有力的证据表明，企业家舍不得离开风景优美的地区（Johnson and Rasker, 1995），且绿色空间对地价有积极影响（Nicholls and Crompton, 2005）。在实践中，一些最常用的景观美化措施（种植美化植物）与工业、商业区域及其可达性路网的发展有关。南约克郡（South Yorkshire）的“营造投资环境”（Creating a Setting for Investment）项目（Henneberry et al., 2004; Rowley et al., 2008）专门研究了景观在现代商业投资中的作用，这非常重要，但极难明确。专业土地估价师（偏向于相当保守的投资标准）、土地投资投机者（往往与该地居民的关系疏远）和那些实际的生活居住者之间观点差异巨大。大体上，估价师们表示，地块及其周边的景观品质会对土地价值产生适度影响，更广泛的证据表明，景观品质的改变会对地方形象、人们对此地的信心以及地块的商业价值产生影响。研究发现，景观品质高的地块租金更高且更容易出租。更有利的证据表明，商场租赁者比非在地投资者更重视景观品质，因为这可能有助于提升员工的满意度、业绩和保持率（retention）。在这种情况下，高品质的景观特征包括视觉吸引力，良好的外观设计和维护，可用的设施及使用设施带给人的愉悦。

小　结

尽管许多学者批判了连接人与地方这一理念，但它仍然受到政策制定者的欢迎。尽管“文化”和“连接”可能愈发虚拟化和全球化，但人与周边景观形成物理和心理层面的连接，这一想法在直觉上仍然很有说服力。政治家和规划师仍在提倡社区参与地方景观，相信这有助于培养“地方感”及地方自豪感。

很多证据表明，尽管在某种程度上“地方性”或许是一种社会性概念，但它也离不开物理景观属性（图 5.1）。还有大量证据表明，本地景观对人的身心健康有重要影响。人与地方景观断连可能会对体质和健康水平有负面影响，而景观沉浸式体验能够给特定人群带来一定“剂量”的自然式恢复。

除了社会和心理效应外，景观还能够提供经济利益。将经济活动嵌入景观中似乎可以创造新的机遇并产生更高的回报。规划师和企业家可能因此有动力投资景观以提升景观品质，作为吸引或留住外来资金的一种方式，并开发新的景观商品和服务。

改善城市景观连接度可以为食品生产和主动交通创造机会。除了有助于改善健康和体质，重新连接住所附近的景观还可以提高人们适应和应对环境变化的能力。针对具体的问题，地方景观为相应的社会学习提供了一个真实的环境，为不同的利益相关者提供“论坛”，以探讨未来在面对洪水或城市气候舒适度等问题时应该如何与自然共处（Selman et al., 2010）。同时，减少碳基交通、降

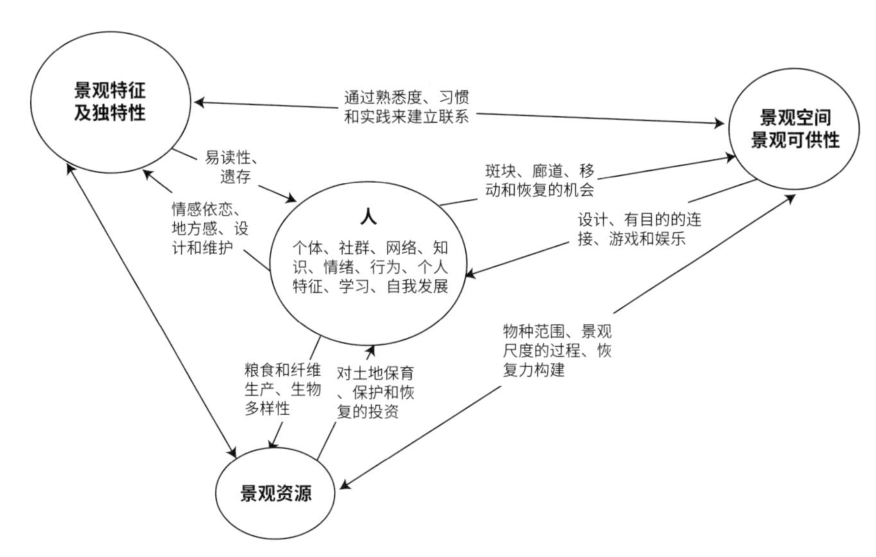

图 5.1　人与景观的关系

低进口食品依赖的相关措施也有助于加强人们面对未来“冲击”时的安全感。

因此，重新连接景观需要同时考虑物理因素和社会因素。然而，景观重新连接所涉及的做法可能引起争议，也可能会冲击传统风景美学对于景观变化的保守观点。如何解决这些问题？相关的概念和实际方法将在最后一章进行探讨。

第 6 章
未来景观连接度：思考与行动

引　言

本书认为，增加景观连接度，有益于未来景观的多功能性、可持续性和恢复力的建设。这一章探讨了两个广泛的领域，为实现这一目标提供行动指南。首先探讨的是一些伦理和概念，包括如何连接人与景观，不同利益相关者如何使用景观。其次探讨的是各类政策和实践——需要更多地将政府的管理和利益相关者的行动结合起来，以解决未来复杂且不确定的问题。

对景观连接的思考

人们经常从美学的角度来评价景观——不同的人看到不同的美。这一点差异很大：有追求景观设计艺术性和形式优雅的，也有追求荒野的崇高体验的；有追求别致和戏剧性的，也有重视日常空间的；有追求纯粹乡村风格的，也有喜欢商业景观和生产性景观的。有时，人们可能同时看重不同的东西。更复杂的是，人们对景观的审美并非一成不变。部分审美是天生的，人的基因会使人在某些类型的复杂视觉图案中得到满足，而部分则是后天的，会根据不断变化的社会性规范和叙事而改变。举一个“习得性”（acquired）审美的例子——风力机一开始被人们看作景观的视觉干扰，而当其作为本地生产的可再生能源这一作用令人信服后，人们便会将其看作人与自然和谐共生的象征；自然生态的种植设计一开始可能被人认为是邋遢的杂草丛生之地，但随着人们对于城市生态系统性质的了解不断深入，人们的喜爱便会从原先由非本地物种构成的花园式种植转向自然式种植。当文化偏好和景观恢复力的目标之间出现严重差异时，就会出现更深层次的问题。举例来说，生物学家将狼作为顶级掠食者重新引入景观，这可能与邻近土地所有者的观点发生冲突，那么这种措施的道德基础是什么？

景观连接的审美重点在于要求人们去思考景观中的行为，从乡村到城市绿地，并对这些行为进行价值判断。当人们欣赏一幅属于自己的画作时，可以将其挂于墙上，而当人们欣赏一处景观时，也希望自己能够影响景观中所发生的事情，然而景观往往属于他人。与景观连接有关的审美涉及地表上下复杂的过程，且这些过程往往是非视觉性的。审美与景观中“自己人”和“外来者”所重视的不同东西以及不同记忆有关，而这些都来源于区域中可见和不可见的特征。那么，根本的问题是，当景观被这么多利益相关者看重并且拥有时，景观尺度的具体措施怎么通过正当干预实现？

“生态美学”是理解景观伦理本质的核心概念之一，它超越原先特定的景观美感（prettiness），从具有恢复力的“社会－生态”视角来看待景观之美（Carlson, 2007）。有时，二者完美融合，但有时，因为“美感”的一部分是由不断变化的社会共识来定义的二者不完全一致——例如，时间的洗礼可能让现在的景观看起来风景优美、引人入胜，但这里在上一代人看来可能是贫穷和暴力的聚集之地。

格博斯特等人（Gobster et al., 2007）探讨了景观美学与景观功能之间的联系，认为景观美学是人类进程和生态进程之间的重要联系，因为人的感官系统与情绪紧密相连，而快乐情绪对于人们应对外界刺激的方式有着本质影响。此外，人的审美体验可以推动景观变化，因为人渴望看到美丽的地方、渴望身处其中或在其中生活，而对于丑陋之地，人们则趋向于避开或试图改善它。然而，这可能会导致景观过度强调视觉，即所谓的“风景美学”（scenic aesthetic）。然而，去改变人们的视觉审美价值取向，也能够使生态品质得到关注。了解人们如何感知、体验各类景观的美，是让公众转向支持生态导向的景观的重要环节。格博斯特等人发现，当人的审美偏好和生态目标不一致时，矛盾就会出现，例如，一些人认为是美丽的东西却不是生态健康的；又或是一些人认为是生态健康的东西，在视觉上却是丑陋的。为了解决这一难题，他们引入了生态美学的概念，用于解决景观生态过程与景观视觉品质（例如令人愉悦的外观）有时存在矛盾的情况。如果不接受这种更广义的审美，那么追求整洁和秩序（无论是为了美化环境还是为了经济效益）就有可能破坏生态，从而引发人为的景观变化。

生态美学在那索尔（Nassauer, 1997）提出的“智慧管护”（intelligent care）概念中有重要体现。从根本上说，单纯创造物理连接是没有意义的，除非景观以再生的方式进行管护。许多商业化的景观管理，是对景观不可持续的剥削；许多休闲娱乐景观的管理中，有很多不必要的讲究和修饰。在倡导智慧管护的过程中，那索尔深受北美高级住宅区景观的影响——草坪和公共开放空间呈现出过度整洁、修饰过度和人工化严重的状态，而其维护又耗费了大量的精力。虽然这种传统的景观形式有其存在的意义，但在许多情况下，如果采用低介入的景观管护方法，对本地生物多样性、其他环境属性以及市政支出都有巨大的好处。这种低介入景观管护的前提是，需要对景观的自然动态（landscape’s natural dynamic）有着睿智深刻的理解。

因此，或许可以培养社会大众识别景观生态恢复力的能力，并欣赏其视觉品质。以当前的眼光看来，人们可能会认为这样的景观杂乱无章、无人打理，但当人们用智慧去感受其内在的可持续性和恢复力时，便能够发现其价值，对其进行恰当的管护——这种做法即智慧管护。在这方面，那索尔借鉴了雷尔夫（Relph, 1981）的“环境谦卑”（environmental humility）概念。她进一步提出“生动管护”（vivid care）概念，即通过良好的人工呈现（presence）来保护丰富的生态景观，使其免受非智慧人为控制的侵害。

对于某些环境，如公共荒野，其审美体验和生态目标往往吻合——不但好看，能够提供有价值的审美体验，还能够维持其生态功能和生态过程。然而，在其他环境中，人的审美偏好可能会促使景观发生变化，导致生态破坏。这或许适用于城市景观设计，但同样也可能适用于农田或森林景观——为了让一些人获得视觉审美的愉悦，景观变得过度整洁并受到过度的人为控制（Herrington,

2006）。在这些情况下，可能会采取景观设计、规划、政策和管理活动等措施，来促进美学和生态目标的紧密结合。

然而，从定义上看，生态美学具有“规范性”（normative），认为人类会从自然界中那些放任自由的景观中（而非有序控制的景观）获得审美愉悦。基本的“规范”（norm）是基于这样一种假设，即审美体验可以促进、维持生态系统的健康，从而间接地促进人类的健康幸福。然而，规范性假设（normative assumptions）不可避免地暗示着一些观点优于另一些观点。本书认为，景观重新连接措施应该首先在那些被大众重视的公众景观中，由特定的代理人引入。例如，一些观点可能认为：专家的生态美学应该优先于大众的风景美学；为了恢复水文功能当地居民应该接受洪水风险增加；应该对土地所有者的经济活动进行限制或者将税收用于补贴地区食品。如果规划者和设计者拥有超凡的智慧，这就不是问题。格博斯特等人（Gobster et al., 2007）指出，政策、规划、设计管理和教育都是不可避免的规范性活动，即一群人试图推动一些变化，这些变化是他们自己认为具有改善作用的措施。

进一步反思规范性假设的相关风险是好的。例如，一个可能的陷阱是，假设地方性连接是好的，全球性连接是不好的。然而，在英国开展的情境发展研究警告人们不要持有这种本质主义者（essentialist）的思维（Natural England, 2009d）。虽然这些情境的细节并不能从字面上理解，但这挑战了人们对未来图景的许多想象。例如，第一个情境“为生活而连接”（Connect for Life），预计将通过庞大的全球网络进行连接。在这种情况下，尽管决策和经济仍以地方为基础，但数以亿计全球连接的出现，在具有共同目标但分散于各地社区之间产生了强烈的价值观和归属感（loyalties），而信息和通信技术则促进了生产力、社会网络和基于互联网的民主决策。第二个情境“促进增长”（Go for Growth），经济利益将成为其优先事项，消费和新技术将继续推进经济增长，社会将通过购买进口食品、加速技术创新来应对破坏性事件。第三个情境“保留地方性”（Keep it Local），认为未来社会可能会在本国内自给自足，土地的主要功能是食品生产或住房。国家将会做出一些重要的决定，但大多数决定是地区性和地方性的，人们将会对自己所在的地区和财产产生强烈的保护欲。资源使用将得到严格的控制，但消费水平仍然很高，在突破了有限的环境和资源后，将出现一系列社会和环境危机，迫使各国采取更多的保护主义立场，进而减缓并瓦解全球化的进程。最后一个情境“通过科学取得成功”（Succeed through Science），预设繁荣的全球经济依赖科学创新型商业的增长，大多数利益相关者相信，在环境和资源有限的情况下，技术能够推动增长。虽然这些情景的假设和结果可能会受到质疑，但其对于规范性假设和本质主义假设的风险具有真正的指导意义。超复杂系统（Hyper-complex systems）的行为往往与直觉相反：不利的驱动因素也可能最终形成理想的结果，反之亦然。研究的结论是，未来将出现若干议题（专栏 6.1），这些议题似乎都是有争议的，并且没有一个明确的规范在每种情境下都能使用，因此，在为一个特定的结果开展规划设计时，必须非常小心。

专栏 6.1　未来情景中的重要景观议题（基于 Natural England, 2009d）

- 价值占据中心地位：尽管所有的设想方案都在不同程度上承认对自然的功利观点，认为环境是支持生活方式的必要条件，但对关爱自然的伦理和自然本身的价值仍有争论；
- 资源受到限制：土地和海洋资源都变得更加稀缺（特别是淡水资源），因此，所有的情境都依赖于新技术来提高资源效率，尽管各情境在自给自足或减少消费的程度上有所不同；
- 认同（identity）与连贯性破碎：在平衡全球、国家和地方治理以及文化规范的性质和作用方面，不同情境存在差异；
- 城市和农村的区别变得模糊：城市变得更绿，农村更加发达，一些情境出现了政策驱动的绿色基础设施，而“保留地方性”（Keep It Local）情境则推动了本地食品生产；
- 经济增长的差异和幸福感的差异：认为财富意味着土地和自然资源、创新和经济增长以及更健康的环境和社会资本；
- 气候变化激发了各种不同的应对措施：从被动的适应措施到统一的国际行动，包括保护重要的自然资产以及接受重大的生活方式改变；
- 科技塑造未来：在推动增长、利用通信技术减少出行以及确保国家和资源安全方面，科学和技术的作用各不相同；
- 食品生产方式的变化改变了土地使用方式：此类情境包括全球食品市场的高产方法、合成食品生产方法以及地方食品生产更为传统的方法，还有通过一些高新技术解决方案为生态系统服务腾出的土地

大体而言，应对未来的挑战，需要改变当前的做法和行为模式，这是一个共识。然而，未来景观的选择是有争议的——例如，风力机是否受欢迎，可持续的排水系统是否足以应对未来的降雨，森林覆盖率是否应该大大扩展，或者

重新植树造林是否是农村土地的理想用途。“保姆式国家”（nanny state）可能会迫使公众接受潮流的选择。然而，激进的、循证的政策似乎是必要的，在这种情况下，一定程度的规范思维是无法避免的。在此建议，安全地使用“规范”可以基于以下三个原则。第一，可以寻找那些经过广泛讨论、获得政治认可和社会共识的基本价值观和原则。这并不意味着绝对的正确，但至少可以提供一个非随机的提案制定基础。第二，可以改进社会学习和制度学习的过程，让“专业”和“非专业”的利益相关者共同发现重要问题的性质以及可能成功解决这些问题的方法。第三，可以尽量使整个过程民主化。在做出景观决策时，可以开发协商过程，征求并纳入多方利益相关者和更多公众的观点。

对于景观干预的基本原则，“可持续发展”可能是这个时代最贴切、最受认可的元叙事（meta-narrative）。虽然可持续性概念本身富有争议，但它与景观的关系在前面已指出。社会公正需要得到更深入的关注，因为目前看来，社会中较弱势的群体受到的景观危害最大，例如绿色空间匮乏（Pauleit et al., 2003）、健康问题（Mitchell and Popham, 2009）以及洪水和污染（Environment Agency, 2005）。广义上讲，当景观对未来的“未知”更具适应性和恢复力时，则最有益于可持续发展。这很可能需要通过重新连接来改善自然空间和地方。此外，尽管规划设计很重要，但也可以为景观的自组织和涌现创造最好的条件。然而，这必须与“载满”需求的世界相结合，保持体面的生活水平，而不至于过度防御、形成保护主义。

共同学习的相关作用也被论及，即社区和机构共同商议，以寻求可持续发展的新选择。这种方法的本质是，摆脱“最佳论证的神话”，更好地了解“已知和未知”，从而通过商议得出更可行、更受认可的措施。这往往也能促进社区对问题的认识，更有可能改变其态度和行为。专家的作用和对良好技术的需求仍然是非常重要的；然而，专家们需要转变观念，从预设公众缺乏知识转向同公众一起在复杂、不确定的环境条件下共同发现。这就需要开展广泛的社会学习，在熟悉的环境中进行真切的社会学习，往往能使之受益。它还包括科学机构和管理机构之间的制度学习，尤指与特定景观的意义和潜力相关的知识学习；地方社区、兴趣和实践方面的学习需要产生连锁反应。如果“可持续性学习”得以成功开展，或许就能够产生更受认可的结果，而该结果则更有可能被实施、被人们遵守，同时更具科学依据。

然而，第三项原则——景观选择的民主化原则还未获得太多的关注。代议制民主显然需要定期投票，就特别重要的问题偶尔需要全民投票。此外，其还依赖于一系列持续的进程，即不断地征求公众意见，并将这些意见纳入政策和规划，以使其符合社会偏好。许多空间规划系统中所包含的参与程序就是一个例子。

虽然所有的参与过程都提出了重要的实践和伦理问题，但将公众偏好纳入景观决策却面临着一个特殊的困境，即对于特定景观，往往得不出清晰有效的未来方向。尽管研究者们试图根据可供选择的未来情境来衡量人们的景观偏好，但这些方案往往会受到人们对熟悉事物偏好的影响，因此结果往往很好预测且相当保守。因此这不一定能表明人们在社会学习期间是否对其他景观产生依恋，以及是否改变了自己的看法。这个问题出现在英格兰各种景观变化监测项目中（Countryside Quality Counts, Character and Quality of England’s Landscapes），这些项目以当前景观特征为基线，试图评估景观变化的性质。因此，维持或强化地区独特品质可以看作是一个恰当的政策目标。因此，监测工作的重点关注内容是，用地变化对当前景观特征的影响是中性的、具有强化作用的还是矛盾的。虽然有一些变化受到广泛的反对，但一些变化是完全可取的，而这正是基于周全考虑的政策的成功之处——例如英格兰国家森林中后工业特征的转变。这与自然保护目标有着本质的区别，自然保护目标会有一些更清晰可行的方向，例如提高关键物种的繁殖成功率。

因此，民主化景观决策的一个核心问题在于，如何商定适用于不同景观的变化速度和方向。《欧洲景观公约》（Council of Europe, 2000）提出的“景观品质目标”（landscape quality objectives, LQO）提供了一个方法，即“由有能力的公共机构根据公众对其周围景观特征的期望来制定愿景”。显然，该方法适用于城市景观、绿色基础设施以及乡村地区。这方面的技术尚不成熟，但拉莫斯（Ramos, 2010）的一项研究探索了公众愿景的形成方式。拉莫斯特别关注了那些因边缘化导致经济活动缺失的乡村景观。在这些乡村景观中，农业在未来可能要承担不同的功能。因此，研究利用“探索性景观情境”（exploratory landscape scenarios）来以确定可行的未来方向，并与公众讨论他们对当地景观的期望。葡萄牙东南部梅尔托拉（Mértola）的案例研究说明了这一方法，该案例中，研究人员向一系列专家、居民和其他利益相关者提出了系列替代情境。这一实践从当地利益相关者那里获得他们认为可行的未来发展方向，从而了解他们对未来景观的期待和担忧（图 6.1）。

琼斯（Jones, 2007）指出，在景观品质目标的定义中，公众参与方法不应该被视为官方决策的替代，而是作为官方决策的补充。所谓官方决策，例如英格兰国家特征区（National Character Areas）制定了基于景观品质和生态系统服务的“综合目标”（Natural England, 2011）用于指导规划，为农村土地管理者提供支持。在确定景观的未来发展方向方面，一个常用的方法是，对其现状条件和景观特征进行评估，而后决定政策的优先级，是保护现状、对其最独特的地方品质进行加强或改造（adaptation）、恢复到先前的状态，还是创造一个新的景观（Warnock et al., 1998）（图 6.2）。

《欧洲景观公约》的实施指南指出，每一项规划或项目都应该符合景观品质目标。因此，项目开发应该导向景观品质的改善，或至少保证不破坏它。作为对《欧洲景观公约》要求的回应，加泰罗尼亚官方针对这一目标进行了一项开拓性的尝试（Council of Europe, 2006）。加泰罗尼亚（Catalonia）通过确立《景观保护、规划和管理法案》（*Act for the Protection, Planning and Management of the*

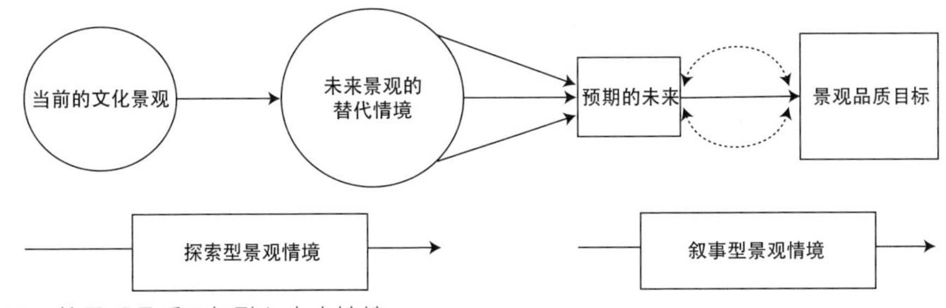

图 6.1 将景观品质目标融入未来情境
（改编自 Ramos, 2010）

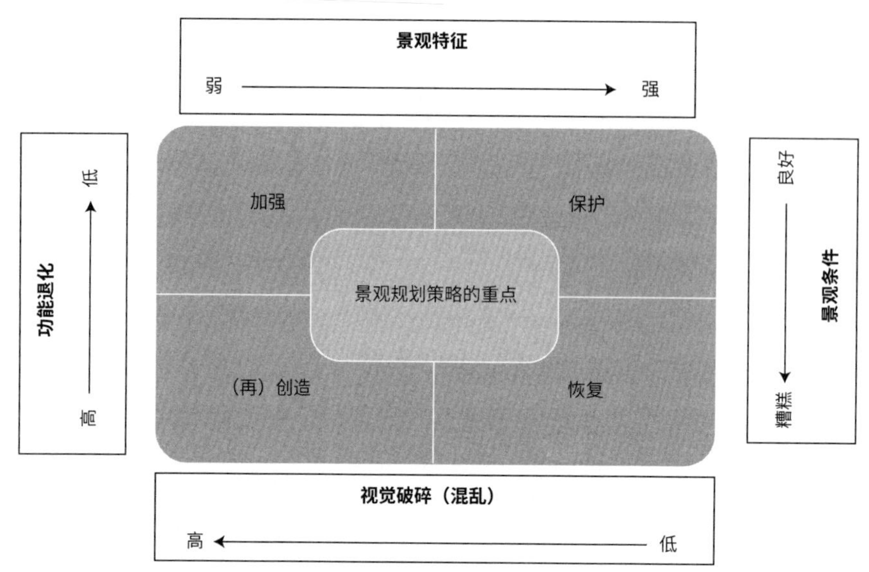

图 6.2　与景观特征、景观条件有关的替代性策略重点
（改编自 Warnock et al., 1998）

Landscap, 2005），提出制定景观品质目标的要求，作为空间政策和部门政策的总要依据。此外，除了影响规划措施外，景观品质目标还有助于提高公众对景观的认识，在民间社会产生了更广泛作用。加泰罗尼亚景观观测站（the Catalan Landscape Observatory）编制了一系列景观目录，作为界定景观品质目标的主要工具，目录信息来源于实地证据以及公众和主要利益相关者的意见，列出了景观的属性、价值和挑战，为不同的景观特征区域确定景观品质目标。

加泰罗尼亚的经验展示了如何通过“景观品质目标”来呈现一系列过程，包括知识生产（knowledge production）、公共咨询、政策制定、行动和监测策略等。景观品质目标为景观保护、规划及管理措施的制定提供了初步指引；还将公众对景观的社会性需求、公众赋予景观的价值与政策制定（有关景观构成）联系起来。不同尺度（国家、区域、地方）的通用景观政策中都规定了景观品质目标，通过空间规划文件和部门文书来实施。在这一过程中产生了一系列不同的景观品质目标，其中有 10 个一直在反复出现；本书建议将这些作为未来景观规划和管理中的规范性依据（专栏 6.2）。

专栏 6.2　加泰罗尼亚的景观品质目标（改编自 Nogue, 2006）

- 保存完好、规划和管理良好，具备多种类型（城市、郊区、乡野自然）及多种特征；
- 充满活力，具有动态性（现有景观及通过干预营造的新景观），能够接纳不可避免的地域变化却不失个性；
- 具有异质性，呈现加泰罗尼亚景观的丰富多样，避免同质化；
- 有序而和谐，避免干扰（disruption）和破碎化；
- 具有独特性；
- 保留景观参照物及景观价值，并加以强化，包括有形的和无形的（生态的、历史的、审美的、社会的、生产的、象征性的和基于认同的）；
- 尊重遗产；
- 能带来宁静，没有不协调的因素、刺耳的声音、刺激性光源或气味污染；
- 在对遗产和特征没有影响的情况下，具备享乐功能；
- 考虑社会多样性并对社会发展有贡献

有关景观连接的政策与实践

本书的一个关键主题是探讨未来政策促进景观整体性、适应性和恢复力的潜力。针对这一目标的政策能够成功实施的条件是：相关机构能够以透明且包容的方式“学习”，获取新的能力以应对新情况。此外，景观政策的关注点正从城乡差异（以农村保护主义或城市“景观化”）转向更加综合连接的景观系统（Selman, 2010b）。开发行为往往被看作景观涌现和景观多功能性的破坏者，但其还可能是景观变化的驱动因素。长期以来，城市边缘一直被视为介于城乡之间问题重重又不起眼的无人区，而如今越来越多地被视为城乡桥梁和城镇门户。

城市景观政策开始关注城镇自然环境的“鲜明特征”（signatures），将其作为城市地区规划和管理的组成部分。有人认为，城镇自然环境的独特结构不但促进城市景观和地方感，支持城市地区适应快速变化的气候环境，还有助于提供安全的社区环境。它为城市地区提供了高品质的自然环境，产生广泛的环境和社会效益。而城市复杂的体制和土地所有权结构、社区的消失以及随意的环境态度为实施该项工作带来了挑战，这些问题需要被解决。然而，城市中存在大量非建设用地为其提供了良好的条件，包括公园和花园、休闲绿地、配给地、

图 6.3 美国马萨诸塞州城市景观的多重生态系统服务
波士顿“翡翠项链”（Emerald Necklace）绿道系统中的“后湾沼泽”（the Back Bay Fens）和“波士顿公园”（Boston Common）

乡村地带（encapsulated countryside）、溪流和路旁草坪。这些自然区域提供了多种生态系统服务，如雨水排放和收集、温度调节、空气过滤、食品生产和降噪等（图 6.3）。

例如，《伦敦区域景观框架》（*London Regional Landscape Framework, Baxter*, 2011）旨在将伦敦人与城市的本质重新连接起来，并将景观视为首都特征（the capital’s character）不可或缺的一部分。结果发现不同的景观特征能够跨越行政区边界，进而揭示了行政单元划分的非自然性，呈现出系统性生态系统服务的本质。因此，尽管经历了几个世纪的城市化，但这些地区的“自然特征”仍然独特，并通过一系列景观品质和功能来显示（Gill et al., 2009）。然而，目前人们对城市本质的认识尚不足，这也是导致城市自然特征被侵蚀的主要原因。当前，自然特征法（natural signature approach）成为规划和政策基础，提升伦敦的恢复力，促进景观重新连接。这种方法也与新兴的景观都市主义有相似之处，后者认为，正是城市景观系统的内在潜力，从根本上赋予城市“地方性”（Waldheim, 2006）。

在更偏向乡村的环境中，景观政策正在脱离保护主义流行做法（即以“最精美的景观”为目标），尽管此类景观可能是文化瑰宝和可持续发展的典范。取而代之的是“精美的”景观和“日常的”景观之间的重新平衡。这意味着，人们不仅需要接受乡村景观不可避免的变化，还需要对变化性质有更深入的了解，以实现对景观演变的积极规划和管理（Natural England, 2010）。因此，乡村景观不是凝固在某个时间点上的，政策能够引导其演变，从而保持其独特性和功能性。反过来，这要求政策制定者了解社会大众对未来景观的需求，找到引导和影响变化的有效方法，并将其置入具有前瞻性的景观品质目标中。事实上，这种政策观点认为景观提供了基本的时空框架，用以组织、规划和管理变化。与城市地区一样，一个核心挑战是如何实现土地所有者和土地管理者的积极有效参与，以及地方政府、地方社区、法定机构、志愿者部门和私营部门、农民、其他土地管理者和个体之间的合作（Lawton et al., 2010）。

目前农村政策的趋势表明（HM Government, 2011），将自然的价值纳入社会主流，特别是通过促进绿色经济的发展，从市场层面能更好地反映自然价值。同时也意识到，以往的政策行动规模往往太小，当务之急是推动一种基于恢复力理论的自然网络的综合方法，以便在生态系统服务方面从净损失转向净收益（专栏 6.3）。

专栏 6.3　政府政策中有关景观连接的一些建议（摘自 HM Government, 2011）

网络连接度和空间恢复力：

- 建立地方自然伙伴关系（Local Nature Partnerships），使地方能够发挥领导作用，并跨越行政边界运作，与经济发展机制相结合，并提高人们对健康自然环境的服务和益处的认识；
- 建立自然改善区（Nature Improvement Areas, NIAs），在地方伙伴关系的支持下，大规模地提升自然环境、重新连接自然；
- 改进规划系统，对本地和跨区域的自然进行战略性规划，引导首选地的开发，鼓励更环保的设计，强化自然网络，例如通过“生物多样性补偿”实现；
- 促进农田、林地和森林、城镇和城市、河流和水体之间的协调行动。

人与自然重新连接：

- 利用大自然对身心健康的积极影响、利用高品质自然环境对健康社区的影响、利用绿地促进社会活动和减少犯罪的作用以及自然环境对儿童学习的帮助作用；
- 多开展改善野生动物栖息地的志愿活动或清除垃圾的志愿活动，并培养人们在日常生活中（如作为购物者、户主和园丁）做出明智选择的能力，这有助于人与自然的有益连接；
- 通过地方政府、卫生局、学校和社区行动中的各种措施，让“提升自然环境”成为全国社会行动的中心目标从政策到实践，目前景观中使用较多的是绿色基础设施，包括溪流、湿地和可持续排水系统的蓝色基础设施。佐拉斯等人（Tzoulas et al., 2007）认为，绿色基础设施的概念是将城市绿化升级为单一、连贯的规划主体的基础。他们认为，绿色基础设施可以包含城市和半城市化地区内所有空间尺度的多功能生态系统，包含自然、半自然和人工网络，质量、数量、多功能性和关联性是其特征分类依据。因此，城乡环境中的绿色基础设施相当于一个兼备质量和完整性的战略性地方网络，能够提供一系列生态系统服务。这些服务包括：减缓和适应气候变化；保护和鼓励生物多样性；经济生产；保障食品和能源安全；促进公共健康和幸福感；增强社会凝聚力；重新连接人与自然；促进有限土地资源的可持续利用；在可持续社区中进行地方营造（Landscape Institute, 2009）。此外，这些功能被认为存在相互协同作用，可以成为实现一系列其他社会理想目标的催化剂（表 6.1）。

表 6.1　绿色基础设施服务与社会政策优先事项的联系

	政策属性					
	经济：可持续增长和就业	环境：遗产、生物多样性和地质多样性保护	环境：景观改造和营造	环境：舒缓气候变化、适应	社会：主动交通	社会；健康、幸福感、社会资本
进入、娱乐、参与	√	√			√	√
生境提供、自然可达		√	√	√		√
景观环境、发展背景	√	√	√			
能源生产和保护	√			√		
生产性景观	√	√		√	√	√
食物和水源管理	√		√	√		√
稳定的微气候	√			√		√

（改编自 Landscape Institute, 2009）

各个组织已经为开发商编写了绿色基础设施指南作为响应。例如，英格兰东南部的一个分区域机构明确绿色基础设施是关键的基础设施，需要在项目开始时就纳入。他们的规划指南确定了一系列不同类型的绿色空间，这些空间可以战略性地组合成一个连贯的基础设施，所涉及的地区包括公共和私人所有的区域，公众可进入和不可进入的区域以及城市和农村地区（Chris Blandford Associates, 2010）（专栏 6.4）。

专栏 6.4　可作为绿色基础设施的各类绿色空间
（基于 Landscape Institute, 2009; Chris Blandford Associates, 2010）

绿色空间资产类型：

- 公园 / 花园：城市公园、袖珍公园、乡村和区域公园、精心设计的花园和乡村庄园；
- 舒适的绿色空间：非正式的休闲空间、儿童游乐区、运动场、住宅区内的公共绿色空间、家庭花园、村庄绿地、城市公共空间、其他附属绿地和屋顶绿化；
- 自然 / 半自然绿色空间：林地和灌丛、自然保护区、草地、欧石楠荒地和沼泽、湿地、开放水体和流水、废弃地和扰动土地（disturbed ground）、裸岩生境；
- 绿廊：河流 / 运河（包括岸边）、道路和铁路走廊 / 边缘、绿篱、沟渠、自行车道、人行道和公用通道；
- 其他绿色空间：配给地、社区花园、城市农场、墓地和教堂、注册公用地、村镇绿地、遗产地、具有开放空间和连接潜力的项目开发用地、农业环境管理用地

按景观尺度分类的绿色空间资产：

地区和国家尺度
国家公园、地区公园
国家景观指定区域
河流、洪泛区、海岸
长距离铁路与绿道
森林和林地
水库
公路、铁路、运河网
农业用地
绿化带

城市和区域尺度
商业环境
城市/区域/郊野公园
城市运河和河流
城市公共场所/城市森林
湖泊/滨水空间/洪泛区
农业用地/分配土地（allotements）/城市农场
回收棕地和垃圾填埋场
区域景观和野生动物指定基地

地方与社区尺度
行道树、绿地、树篱
绿色屋顶及墙壁
袖珍公园、乡村绿地、公共空间
教堂院落、墓地
公用通道、自行车道
水池、小溪、洼地、沟渠
运动场、游乐场、学校操场
本地自然保护区
私家花园、社区花园、分配的空地
空地、弃置土地

要获得一个有效完整的绿色基础设施，需要在当前和新的环境中追求“再生设计”。换句话说，在某些情况下，建议全面更换用地类型，如建立生态城镇、种植森林或大规模再利用原有的工业用地，而在另一些情况下，必须改造绿色基础设施，使之融入现有城市区域和农业系统。洛弗尔和约翰斯顿（Lovell and

Johnston, 2009）提出了在城市设计中实现绿色基础设施目标的方法——将生态原则融入景观设计来改变城市绩效。他们对景观生态学的传统假设提出了挑战，传统假设认为，以人类为主导的生态基质的质量很差。研究以发展多功能景观为核心，以景观生态系统服务的知识为指导，论证了如何通过增加半自然景观元素来改善城市景观的空间异质性。虽然这些元素的单体可能很小，但在整体上却很重要，特别是在需要设计和连接的地方。研究展示了通过建立综合元素系统来改善供应、调节和生态系统文化服务的方法，例如：原生植被斑块、植被缓冲区、自然或人工湿地、可食用花园、雨水渗透系统和废物处理系统。在更广泛的城市范围内，城乡规划协会（the Town and Country Planning Association, 2004）建议提升战略性绿色基础设施的品质，即那些由区域公园、绿网、社区森林、自然绿地和绿道连接组成的战略性绿色基础设施。

东伦敦绿网计划（the East London Green Grid）提供了一个绿色基础设施战略性建设的案例（Natural England, 2009b）。虽然伦敦是世界上绿化程度最高的首都之一，拥有大量的公园和绿树成荫的郊区，但东伦敦一些地区的绿色空间却严重缺乏——22%的东伦敦居民无法进入区域公园，1/3的地区在距居民住宅400米范围内没有本地公园，而且很多地区缺乏专门的野生物种基地。因此，东伦敦绿网计划的目标是建立一个相互关联的多功能开放空间网络，并与生活工作区域、绿化带和泰晤士河形成良好连接。计划包括农村地区和城市地区，农村地区通过农业环境计划促进生态系统服务，而城市地区中的总体规划和更新规划则很重要。该计划还与更广泛的政策措施相结合，如针对社会贫困地区的“健康步行之路”（Walking the Way to Health）计划和气候变化适应计划。总的来说，东伦敦绿网计划的目标如下：

- 提供新的公共开放空间，提升现有公共开放空间，并弥补公共开放空间的不足之处；
- 沿泰晤士河支流和绿色网络向公众开放；
- 提供一系列正式、非正式的休闲用途及景观，从而促进健康生活；

- 提供新的野生物种基地，提升现有的野生物种基地；
- 通过多功能空间来管理水源收集和洪水风险；
- 应对城市热岛效应；
- 按照最高标准为人类和野生动物提供美丽、多样和管理有序的绿色基础设施。

美国采取的办法通常是允许开发商在总体规划中富有想象力地设计绿色基础设施。不是精确、死板地控制布局，而是设定土地开发比例，划定允许住宅密度发生改变的范围，以便整合绿色区域并赋予其意义。拉蒂默和希尔（Latimer and Hill, 2008）注意到“缓解银行制度”（mitigation banking）（也被称为“生物多样性补偿”）的优势——提前获取并保留土地，以满足后续开发所需的生态缓解措施，这特别适用于那些属于管控框架的土地。通常情况下，建立缓解银行，是为特定野生物种或环境资源争取土地，或用于提升、管理生境或生态系统。该资产可以用信用（credits）来估价（类似于碳交易），就环境目标而言，土地的状况越好，信用值就越高。土地可以由金融机构、企业、土地所有者或投资者收购并管理，最大限度地发挥其生物多样性和环境资本的作用。当土地发展到购买该资产所需的适当和稳定的条件时，可以出售信用存款。缓解银行总体上是积极的，其实践中的主要缺陷往往与监管不力有关，而非方法本身。然而，有些人担心生物多样性补偿可能成为开发商的借口，通过破坏优质生境而后在其他地方建设低质量生境。因此，只有在开发商遵守具体原则的情况下，这种办法才会发挥积极作用：

- 同类缓解（Like-for-like mitigation）：“零净损”原则意味着资产的信用能够与损失资产的规模和性质相匹配；
- 关键的自然资本或不可替代的生境：缓解银行制度仅限于那些可以能够通过创造或调控来增加保护价值的生境，不包括当前关键生境；
- 开发地与缓解地的空间关系——新地块必须表明规模标准（例如，在景观尺度上创建大面积的区域，而不是孤立的小场地）、位置标准（有利的位置，并可能在同一特征区域内）和时间标准（如果规划条例允许，在损失发生之前创建新区）（Latimer and Hill, 2008）。

例如，泰勒等人（Taylor et al., 2007）提到密歇根州芬东镇（Fenton Township）的一项分区法令，该法令鼓励开发商在住宅建筑开发用地上部分保留开放空间，换取该地其他位置建筑密度的增加。虽然这种做法有其优点，但该做法很少关注自然特征（natural features）的有效定义，自然保护相关的法律保障太少，对于设计决策而言，则缺乏明确的空间语境。他们向规划部门提出了一些改进措施，以便更有效地实现政策目标。官方已认识到，在英国大背景下，生物多样性补偿不应作为重要生境有效保护的替代方案，而是一种补充方法，旨在帮助扩大和恢复更广泛的生态网络。如果将其作为一种战略，则可能有助于提供更多、更好、更大的联合生境网络。除上述原则外，英国政策还进一步提出了“额外性”（additionality）原则，即若要达到保护效果，则必须有补偿（HM Government, 2011）。

对于绿色基础设施的设计和管理，一个关键问题是缺乏技术来支持这种复杂且高度相互作用的系统。人们在灰色基础设施方面的经验比较丰富，虽然它也很复杂，但其往往功能单一（如超大的雨水管道），并且能够在一些特定专业（如土木工程）的能力范围内实现。相比之下，绿色基础设施是多功能的，人们需要理解整个运作环境。然而，在对英国 54 个地方政府的调查中，68% 的人表示，由于特定景观技术的缺失，整体景观服务受到了影响（Commission for Architecture and the Built Environment, 2010）。除了景观专业知识以外，更需要绿色基础设施管理者，他们需要掌握工作伙伴的专业知识且具备领导能力，能够打破传统部门之间的隔阂，如绿地和水资源管理、交通规划、儿童游戏、自然保护和本地食品生产。其领导者需要够高的职位来提供全面的管理，从而构建地区绿色基础设施网络，然而现状大都不是这样，因而绿色基础设施实践严重受阻也不足为奇（专栏 6.5）。

专栏 6.5　绿色基础设施的潜在阻碍（改编自 Landscape Institute, 2009）

- 缺乏适当的专业知识，加上地方政府将合同外包，导致绿色空间工作人员的技能下降；
- 随着城市化的发展，社会已经与自然环境脱离，自然基本上可以视为观赏点而非日常生活的组成部分；
- 目光短浅，绿色基础设施缺乏长期管理投入；
- 规划开发之后往往收益不够，绿色基础设施缺乏投资；
- 行政边界限制了绿色基础设施有效实施的区域；
- 开放空间配置标准多强调数量而非质量，多强调单一功能用地而非功能丰富的绿色空间；
- 对投资绿色基础设施所能获得的全部经济利益的量化不足，加上私营部门和机构缺乏承诺和理解，情况更加严重

如上所述，提供绿色基础设施不仅仅是一个网络设计的问题，也涉及发展伙伴关系，这些伙伴关系有充分的制度支撑，确保实施和管护的有效性。英国西北地区一个由不同领域团体形成的组织主张通过四个阶段（North West Green Infrastructure Think Tank, 2009; North West Green Infrastructure Unit, 2009; North West Climate Change Partnership, 2011）来实现这一目标。第一，“数据审核和资源测绘”阶段，建立现有信息数据资源，包括地图、区域和国家指南、数据集、相关政策框架、区域和国家战略以及利益相关者。这些信息被合成为该地区的地理信息系统（GIS）地图，标明绿色基础设施类型和位置。第二，需要合作伙伴对现有绿色基础设施进行“功能评估”，评估内容包括其当前提供的生态系统服务，哪些方面运作良好，哪些需要维持以及哪些需要改进。对于未来的情况，则从绿色基础设施所面临的威胁、具有提升机会的地方以及未来变化的保障方法等方面进行评估。第三，需要进行“需求评估”，相互参考政府投资计划与其他战略方案，确定其对更大层面的社会经济数据（如贫困指数）的影响。第四，合作伙伴需要商定一个“干预计划”，旨在推进积极的环境变化，同时考虑到一系列相关问题（如当地特征与资源），并确定所需的监管、激励和直接物理干预的类型。

英国遗产彩票基金（Heritage Lottery Fund）的景观伙伴关系计划（Landscape Partnerships programme）（Cumulus, 2009）资助的项目也证明了通过伙伴关系方法进行联合行动的有效性。该计划资助特色地区内的景观项目。在景观尺度下

开展工作，有助于实现更全面、更综合的遗产管理，生境得以作为一个整体来对待，并能够促进更大层面的可持续发展效益。这还促使合作伙伴从更广泛的层面看待景观，有助于项目和活动的可持续性，并对邻近地区产生溢出效应。在伙伴关系的基础上实施方案还具备许多实际优势，能让整个社区和部门参与其中，而非个人。

绿色基础设施倡议的主要目的之一是重新连接人与地方景观。在这方面，一项研究（Ray and Moseley, 2007）使用了先前提过的“森林生境网络”（forest habitat network）方法来评估城市绿色网络中整合人与野生物种需求的可能性。该方法使用了一种被称为“最小成本焦点物种法”（the least cost focal species approach）的景观生态算法，作为绘制和分析城市网络的一种方法，该模型假设选定的代表性物种使用景观时，其空间行为所耗费的能量“成本”最小。通常这种方法只适用于野生物种，但本研究创新性地将人类作为焦点物种，通过三个简要描述来表示：第一，小范围使用者——目前不太可能使用绿色空间；第二，中等范围使用者——使用频率处于“平均”水平；第三，大范围、积极自信的使用者——很容易使用各种绿色空间类型。以当地评估为依据，定义生物多样性（野生物种）群体，发现优秀、高于平均水平和位于平均水平的地点。因此，该方法表达了现有和潜在多样性网络（包括人与生物的多样性）。这些网络表明，虽然大范围使用者可以进入绿地区域，但其他类型的使用者，特别是小范围使用者附近缺乏绿地（或不愿意去附近的绿地），导致绿地使用范围有限。该模型的输出结果可用于改善绿地，以实现一系列政策目标，包括健康、社会包容、改善生物多样性、可持续城市排水系统以及可持续交通。然而，社会需求通常是城市绿地发展的主要驱动力，因而实施过程中，生物多样性需求和社会需求之间需要进行妥协。本研究提出了一些切实可行的方法，特别是监管规定，如 2010 年的《生境和物种条例》（*Habitats and Species Regulations*），该条例鼓励土地开发政策对具有生态“踏脚石”作用的景观特征予以支持（专栏 6.6）。

专栏 6.6　保护森林生境网络的潜在方法（基于 Ray and Moseley, 2007）

- 鼓励规划师和开发商抓住机会，增加新的林地，保护现有林地，保障生物多样性，减轻气候变化的影响，改善社区景观；
- 要求在开发用地上大量种植林地，新建林地的最低建议大小是每 150 米宽度需要提供 50 米的核心林地；
- 尽量在新开发项目中提供无障碍的自然绿地，例如在居住区 500 米范围内提供 2 公顷以上的无障碍林地；
- 通过种植连片林地来扩大优质林地，并设置至少 250 米宽的生态缓冲带保护林地，为群落提供更自然的环境，减少对生物多样性的干扰，减少林地边缘对林地核心物种的影响；
- 有针对性地巩固、扩大具有高品质种植间距的林地，并改善周边低品质林地，为高品质林地间的物种扩散提供一系列条件；
- 积极管理条件较差的古树林地，对现存四种以上指示种的旧有古林地（已被开垦或补种其他树种的林地）进行恢复；
- 根据生态用地分类，选择适合当地生境类型的树种，扩大林地面积；
- 对当前生物多样性低的林地进行结构性管理，改善林地状况，鼓励增加林地物种的数量和多样性

在乡村的背景下，英国非政府保护部门的“活景观”倡议（The Wildlife Trusts, 2009）提出绿色网络恢复原则，为野生物种和人类获取利益。这些都是景观尺度上的，并对生物多样性采取了具有前瞻性的方法。因此，除了传统保守的保护主义措施外，该方法追求的是：了解自然、欣赏自然并与自然合作；了解生境产生过程，并为关键物种提供适宜的条件；了解这些过程如何被影响或复制；将野生物种和自然视为自然过程和生态功能的同义词；了解文化景观和自然景观之间的互动。该战略提出，如果一个生境单元要满足所有典型物种的自给自足，所有结构类型、所有阶段，以其所提供的生态位（niches）必须始终存在。为了实现这点，这些建议建立在最小动态区域（minimum dynamic area, MDA）概念基础上，即自然干扰制度（natural disturbance regime）存在的最小单元，这种制度能够维持内部的再殖源（recolonization sources），从而减少灭绝。换句话说，最小动态区域是一个物种或生境在不受干扰的情况下独立生存所需要的最小面积区域。建立最小动态区域，需要确保一个核心区域，以防止生境破碎化；确保生境中包含一个单元规模远大于预测干扰事件最大规模的特定单元，以促进恢复力。例如，如果欧石楠荒地生长的所有阶段都在一次火灾中被摧毁的话，一小块欧石楠荒地斑块的结构和构成会随着时间发生巨大的变化。因此，该方

法包含了这样一种假设，即生境功能单元的大小是由物种稳定繁殖所需的最大面积决定的。

“活景观”倡议成功的核心在于将景观保护区融入现有特征。因而人口稠密的地区一般不可能建立巨大的自然保护区，需要在村庄、农田和其他用地的周边和中间建立生境斑块。最现实的目标是寻找高质量群落斑块之间连接度的最小值，生境的扩展可以从这些斑块开始。有人认为，应该逐渐建立具有恢复力的景观：首先扭转生境碎片小且孤立的趋势，使其有效地发挥“汇”的作用，而后将那些源头生境碎片（物种在其中自我维持）重新连接起来，使周围的景观重新形成。因此，总的来说，“活景观”战略是通过“恢复、重建、重新连接”，在最佳潜力区域上重新获得景观尺度的生物多样性。

爱沙尼亚的“生态补偿区网络”（Külvik and Sepp, 2007）很好地证明了在国家尺度上嵌入相互连接的景观这一方法的有效性。该方案是由国家社会主义时期[①]东欧“生态稳定”（ecostabilizing）的概念发展而来的（Hawkins and Selman, 2002）。其中一种多功能的生态网络构建是基于强大的用地规划传统，以荒野和具有保护价值的区域为核心区域，让自然和半自然景观相互连接。后来，在爱沙尼亚，空间规划体系将“生态稳定”概念升级为绿色网络，简化了生态网络的复杂理论，重点在于划定一个网络，其特点在于这样的规划实践是可绘制、可交付的，并具有社会经济意义。因此，对于景观设计师和用地规划师而言，该网络在娱乐开发、识别靠近居住区的生态走廊等方面很有帮助。根据《爱沙尼亚空间规划》（Estonian Spatial Plan），绿色网络是一个连贯的系统，由广泛使用且自然条件较好的区域构成，有助于维持生物多样性和环境稳定。该国的《环境行动计划》（Environmental Action Plans）旨在推进绿色网络规划方法的发展，发展经济数据，补充数据集，提升专业教育水平。国家规划的“愿景”包含与绿色网络有关的章节和示意图，明确绿色网络总覆盖面约为国土面积的 55%，

① 译者注：国家社会主义（state socialism），指 19 世纪中叶欧洲一种凭借资产阶级国家权力进行社会改革的资产阶级改良主义思想。

分为 12 个相对紧凑的核心区。这一区域不仅可以满足国家层面的补偿功能，而且在欧洲范围内也足够大。该规划系统能够解决绿色网络中人为负荷的关键问题，尤其是在居住区和公路周围人类活动频繁的地方维持生态网络，在有公路穿过的大型补偿区维持网络的连续性（Külvik and Sepp, 2007）。

绿色网络在空间规划的各个层面都有涉及，即国家（国家规划）、郡（郡规划）和自治市（综合规划）。因此，国家长期空间规划《爱沙尼亚 2010》（Estonia 2010）通过建立廊道和 12 个具有国家和国际重要性的核心区，以明确网络的基本原则。在郡一级，绿色网络是空间规划的一个子主题，其目的是明确土地用途及定居地发展的环境条件，并确定其有价值的文化 / 历史景观。为此，要求爱沙尼亚全国 15 个郡都绘制比例为 1∶50 000 的生态网络图，作为一个专题空间规划。在市政一级，立法要求划定绿色网络的边界，并要求将其范围内的用地作为专题列入综合规划。这种通用方法现正已推广至其他国家和地区。

到目前为止，景观规划一般都是空间层面的事情，以二维地表为框架。随着全球城市化的发展，三维空间和“堆叠”景观（the ‘stacked’ landscape）需要得到更多关注。主要的例子有，垂直农业（Despommier et al., 2010）屋顶（Dunnett and Kingsbury, 2008）和墙（Blanc, 2008）上的多功能绿色空间。尽管垂直农业的概念仍然存在争议，但几乎可以肯定的是，三维空间在养活不断增长的城市人口上具有未来潜力——预计到 2050 年，世界 80% 的人口将生活在城市。种植技术的种类可以包含相当久远的水培和温室技术，也包含摩天大楼般的室内人工环境。支持者认为，垂直农业可以减少食品里程，满足特大城市人口的迫切需求，还可以减少对农村农业的需求，降低农业集约化程度。由于垂直农业是自给自足的系统，因此能够有效地回收废物。反对者对垂直农业的经济性提出了质疑，认为它需要大量的启动成本和运营成本，并且可能加剧光污染和空气污染。此外，垂直农业是只需要可再生能源支持运转，还是需要传统能源的补充，也是一个悬而未决的问题。相比之下，“垂直绿化”已经得到了充分的论证和广泛的实践。一个重要的支持论点是，这有可能缓解城市因气候变化而带来的不适。前文提过地面绿色空间在减缓未来气温和洪水灾害方面的作用，但模型还指出，绿色屋顶和墙壁绿化也带来了巨大贡献（Foster et al., 2011）。例如，布鲁斯和斯金纳（Bruse and Skinner, 2000）对墨尔本进行了一项研究，模拟绿化对城市微气候的影响，方法是比较“增加地表植被”和“增加屋顶植被”以及“二者同时存在”（“整体绿化”情境）的影响效果。“整体绿化”方案明显产生了更多效益，绿色空间以更均质而非局部的方式有效地结合在一起，提升了行人的舒适度，尤其在降温、遮阳和挡风方面。

有关地下连接策略的相关信息较少，但对潜流带（溪流之下水分饱和的区域，其中含有溪水）的研究表明，了解其与地表水的联系非常重要。沃勒特等人（Valett, 1994）研究了沉降流（downwelling stream water）是如何为地下生态群落提供溶解氧、营养物和有机物的，以及涌升流（upwelling water）是如何通过提供具有独特水化学性质的地表水来影响河流生态的。因此，提高地表水生境的多样性，会影响河内生物群落。最近，康道夫等人（Kondolf et al., 2006）的研究表明，尽管存在这些相互作用，河流修复战略很少明确将潜流带纳入考虑或寻求恢复与地下水的垂直连接。

尽管景观重新连接的三维策略仍在萌芽阶段，但似乎愈发重要。现在大多世界人口生活在城镇和城市中，21 世纪城市化速度会更快，景观规划的重点很可能会从农村转向城市，也可能推进水平和垂直的恢复力构建。

小　结

本书认为，系统性的景观重新连接是可行的，且许多案例为这一目标指明了道路。本书提出了一种方法，将政策实践与更可持续且有恢复力的景观联系起来（图 6.4）。然而，还存在两个主要问题：一个是概念性的，包括人们思考景观的方式，以及大众景观使用的偏好与私人土地所有者偏好之间可能存在的矛盾；另一个是实践性的，关于如何商定政策，设计有效的实施机制，以成功地连接那些所有权复杂的广阔区域的物理系统。

大规模景观干预的伦理问题没有简单的解决方案。问题的关键在于，集体行动方案很难统一意见，尤其是在审美偏好与开发商或科学家的建议之间存在

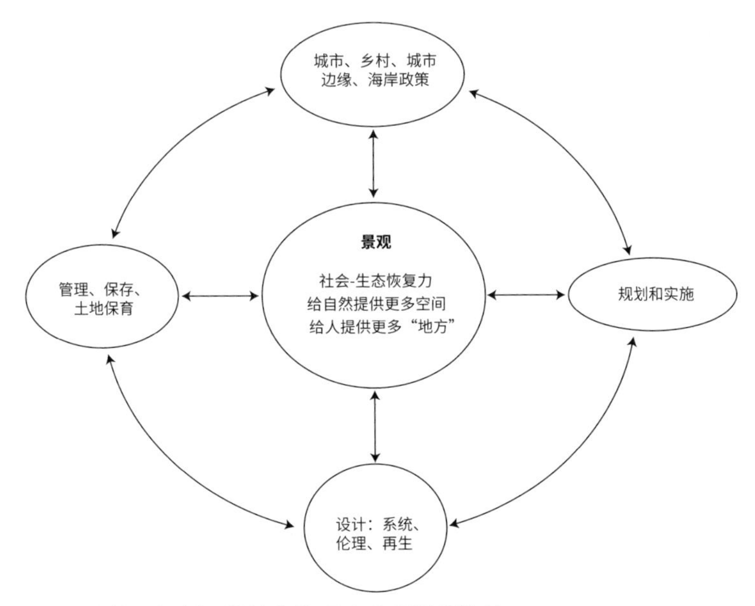

图 6.4　通过改进政策、规划、设计和管理来实现景观连接

矛盾的情况下。一个可能有效的方式是，将选择建立在一些经过大量公开讨论并得到广泛支持的政治原则上。“可持续发展”这种当代社会的公认理念似乎满足了这种需求。因此，合理的干预应该基于那些被证明有效的可持续性景观做法。同时基于社会学习和制度学习来探讨景观品质目标也很重要，能够为在特定地点提供特定景观给出明确的依据。

在城市整体和大片乡村地区寻求景观重新连接，在行政上似乎非常难以实施，但已经取得了许多成功。已有明确的原则、机制和案例，给出了物理重新连接的范围，即可以是景观表面的二维空间，也可以是于地上地下的三维空间。景观在大多数国家人民的心中占有重要地位。然而，对传统、想象中景观的执念，可能会阻碍那些具有恢复力、适应性的新景观的出现。本书提出，重新连接社会与景观，建立能够推动景观可持续变化的社会性力量，可以促使高度连接且具有恢复力的新景观出现。

参考文献

[1] Adams, W. M. (2003) Future Nature: A Vision for Nature Conservation. London: Earthscan.

[2] Ahern, J. (1995) 'Greenways as a planning strategy', Landscape and Urban Planning, 33: 131 – 155.

[3] Bartens, J. and The Mersey Forest Team (2009) Green Infrastructure and Hydrology. Warrington: The Mersey Forest.

[4] Bauer, N., Wallner, A. and Hunziker, M. (2009) 'The change of European landscapes: human–nature relationships, public attitudes towards rewilding, and the implications for landscape management in Switzerland', Journal of Environmental Management, 90: 2910 – 2920.

[5] Baxter (Alan Baxter Associates) (2011) London's Natural Signatures: The London Landscape Framework. London: Alan Baxter Associates.

[6] Beckwith, M.E. and Gilster, S.D. (1997) 'The paradise garden: a model garden design for those with Alzheimer's disease', Activities, Adaptation and Aging, 22: 3 – 16.

[7] Bennett, G. and Mulongoy, K. J. (2006) Review of Experience with Ecological Networks, Corridors and Buffer Zones. Montreal: Secretariat of the Convention on Biological Diversity, Technical Series No. 23.

[8] Berkes, F. and Folke, C. (eds) (1998) Linking Social and Ecological Systems:

Management Practices and Social Mechanisms for Building Resilience. New York: Cambridge University Press.

[9] Bird, W. (2007) Natural Thinking. Report to the Royal Society for the Protection of Birds. Sandy, Bedfordshire: RSPB.

[10] Blanc, P. (2008) Le Mur V é g é tal, de la nature à la ville ('The green wall in town and country'). Neuilly-sur-Seine: é ditions Michel Lafon.

[11] Bolliger, J., Sprott, J. C. and Mladenoff, D. J. (2003) 'Self-organization and complexity in historical landscape patterns' , Oikos, 100: 541 - 553.

[12] Bourdieu, P. (1997) 'The forms of capital' , in A. H. Halsey, H. Lauder, P. Brown and A. Stuart Wells (eds) Education: Culture, Economy, Society, Oxford: Oxford University Press.

[13] Bradley, D., Bradley, J., Coombes, M. and Tranos, E. (2009) Sense of Place and Social Capital and the Historic Built Environment. Newcastle: University of Newcastle, International Centre for Cultural and Heritage Studies.

[14] Broadmeadow, M. S. J., Webber, J. F., Ray, D. and Berry, P. M. (2009) 'An assessment of likely future impacts of climate change on UK forests' , in D. J. Read, P. H. Freer-Smith, J. I. L. Morison, N. Hanley, C. C. West, and P. Snowdon (eds) Combating Climate Change - A Role for UK Forests. An assessment of the potential of the UK' s trees and woodlands to mitigate and adapt to climate change. Edinburgh: The Stationery Office.

[15] Brummel, R. F., Nelson, K. C., Grayzeck Souter, S., Jakes, P. J. and Williams D. R. (2010) 'Social learning in a policy-mandated collaboration: community wildfire protection planning in the eastern United States' , Journal of Environmental Planning and Management, 53: 681 - 699.

[16] Bruse, M. and Skinner, C. J. (2000) Rooftop Greening and Local Climate: A Case Study in Melbourne. Biometeorology and Urban Climatology at the Turn of the Millennium, WMO/TD No. 1026, Geneva: World Meteorological Organization.

[17] BTCV (2002) Well-being Comes Naturally: Evaluation of the Portslade Green Gym.

[18] Research Summary. Doncaster: British Trust for Conservation Volunteers.

[19] Burt, T. P. and Pinay, G. (2005) 'Linking hydrology and biogeochemistry in complex landscapes', Progress in Physical Geography, 29: 297 - 316.

[20] Cantrill, J. G. and Senecah, S. L. (2001) 'Using the "sense of self-in-place" construct in the context of environmental policy-making and landscape planning', Environmental Science and Policy, 4: 185 - 203.

[21] Carlson, A. (2007) 'On aesthetically appreciating human environments', in A. Berleant and A. Carlson (eds) The Aesthetics of Human Environments. Buffalo, NY: Broadview Press.

[22] Castells, M. (1983) The City and the Grassroots: A Cross-cultural Theory of Urban Social Movements. Berkeley, CA: University of California Press.

[23] Chartered Institution of Water and Environmental Management (CIWEM) (2010) Multi-functional Urban Green Infrastructure. London: CIWEM.

[24] Chris Blandford Associates (2010) A guide for sustainable communities in Milton Keynes South Midlands: Adding Value to Development. London: Chris Blandford Associates.

[25] Christopherson, R. W. (1997) Geosystems: An Introduction to Physical Geography. Upper Saddle River, NJ: Prentice-Hall.

[26] Clarke, L. (2010) Delivering green infrastructure in the existing urban environment. Briefing note. London: Construction Industry Research and Information Association.

[27] Commission for Architecture and the Built Environment (CABE) (2010) Grey to Green: How we Shift Funding and Skills to Green Our Cities. London: CABE.

[28] Commission for Architecture and the Built Environment (CABE) (n.d.) http://webarchive.nationalarchives.gov.uk/20110118095356/http:/www.cabe.org.uk/

sustainable-places/advice/urban-food-production (accessed 6 February 2012).

[29] Conservation Fund (2004) Green Infrastructure — Linking Lands for Nature and People. Case Study 2: Florida' s Ecological Network, Arlington, VA: The Conservation Fund.

[30] Cooper-Marcus, C. and Barnes, M. (eds) (1999) Healing Gardens: Therapeutic Benefits and Design Recommendations. New York: John Wiley.

[31] Council of Europe (2000) The European Landscape Convention. Strasbourg: Council of Europe.

[32] Council of Europe (2006) Landscape Quality Objectives: From Theory to Practice. Fifth meeting of the Workshops of the Council of Europe for the implementation of the European Landscape Convention, Strasbourg: Council of Europe.

[33] Countryside Agency (2006) Landscape: Beyond the View. Cheltenham: Countryside Agency.

[34] Creedy, J. B., Doran, H., Duffield, S. J., George, N. J., and Kass, G. S. (2009) England' s Natural Environment in 2060 - Issues, Implications and Scenarios. Natural England Research Reports, Number 031. Sheffield: Natural England.

[35] Cumming, G. S. (2011) 'Spatial resilience: integrating landscape ecology, resilience and sustainability' , Landscape Ecology, 26: 899 - 909.

[36] Cumulus (2009) Area Schemes and Landscape Partnerships: Assembly of Output Data, Heritage Lottery Fund, 2008 - 9. Broadway, Worcestershire: Cumulus Countryside and Rural Consultants.

[37] Czerniak, J. (2007) 'Legibility and resilience' , in J. Czerniak and G. Hargreaves (eds) Large Parks. New York: Princeton Architectural Press.

[38] Davoudi, S., Crawford, J. and Mehmood, A. (eds) (2009) Planning for Climate Change: Strategies for Mitigation and Adaptation for Spatial Planners. London: Earthscan.

[39] Dawson, D. (1994) Are Habitat Corridors Conduits for Animals and Plants

in a Fragmented Landscape? A review of the scientific evidence. English Nature Research Report 94. Peterborough: English Nature.

[40] de Groot, R. (2006) 'Function-analysis and valuation as a tool to assess land use conflicts in planning for sustainable, multi-functional landscapes', Landscape and Urban Planning, 75: 175 - 186.

[41] de Groot, R. S., Wilson, M. and Boumans, R. (2002) 'A typology for the description, classification and valuation of ecosystem functions, goods and services', Ecological Economics, 41: 393 - 408.

[42] Department for Environment, Food and Rural Affairs (Defra) (2010) Adapting to Coastal Change: Developing a Policy Framework. London: Defra.

[43] Department for Transport (2008) Building Sustainable Transport into New Developments: A Menu of Options for Growth Points and Eco-towns. London: Defra.

[44] Despommier, D. (2010) The Vertical Farm: Feeding the World in the 21st Century. New York: Thomas Dunne Books.

[45] Dunnett, N. P. and Kingsbury, N. (2008) Planting Green Roofs and Living Walls, 2nd edition. Portland, OR: Timber Press.

[46] Edelstein, M. R. (2004) Contaminated Communities: Coping with Residential Toxic Exposure, 2nd Edition. Boulder, CO: Westview Press/Perseus Books.

[47] Edensor, T. (2000) 'Walking in the British countryside: reflexivity, embodied practices and ways to escape', Body and Society, 6: 81 - 106.

[48] Edwards, C. (2009) Resilient Nation: How Communities Respond to Systemic Breakdown. London: Demos.

[49] Eisenhauer, B. W., Krannich, R. S., and Blahna, D. J. (2000) 'Attachments to special places on public lands: an analysis of activities, reason for attachments, and community connections', Society and Natural Resources, 13: 421 - 441.

[50] English Heritage (2000) Power of Place: The Future of the Historic Environment.

[51] London: English Heritage.

[52] Environment Agency (2005) Joining Up: Stockbridge Pathfinder. Science report: SC010044/SR4. Bristol: Environment Agency.

[53] Environment Agency (2008) Sustainable Drainage Systems – An Introduction. Bristol: Environment Agency.

[54] Epstein, S. (1991) ‘Cognitive–experiential self–theory: an integrative theory of personality’, in R. C. Curtis (ed.) The Relational Self: Theoretical Convergences in Psychoanalysis and Social Psychology. New York: Guilford Press.

[55] Erickson, D. L. (2004) ‘Connecting corridors: implementing metropolitan greenway networks in North America’, in R. H. G. Jongman and G. Pungetti (eds) Ecological Networks and Greenways: Concepts, Design, Implementation. Cambridge: Cambridge University Press.

[56] European Environment Agency (EEA) (1995) Europe’s Environment: The Dobris Assessment. Copenhagen: European Environment Agency.

[57] Evans, E. P., Ashley, R., Hall, J. W., Penning–Rowsell, E. C., Saul, A., Sayers, P. B., Thorne, C. R. and Watkinson, A. R. (2004) Foresight Future Flooding, Scientific Summary: Volume 1: Future Risks and Their Drivers. London: Office of Science and Technology.

[58] Fennell, D. (2008) Ecotourism, 3rd edition. Abingdon: Routledge.

[59] Ford R. M. (2006), ‘Social acceptability of forest management systems’, unpublished PhD thesis, University of Melbourne.

[60] Forest Research (2010) Benefits of Green Infrastructure Case Study. Increasing species movement; Chattanooga Greenways, Tennessee, USA. Farnham: Forest Research. Foster, J., Lowe, A. and Winkelman, S. (2011) The Value of Green Infrastructure for Urban Climate Adaptation. Washington, DC: The Center for Clean Air Policy.

[61] Fuller, R., Irvine, K. N., Devine–Wright, P., Warren, P. H. and Gaston, K. J. (2007)

'Psychological benefits of greenspace increase with biodiversity', Biology Letters, 3: 390 - 394.

[62] Garmestani, A. S., Allen, C. R. and Gunderson, L. (2009) 'Panarchy: discontinuities reveal similarities in the dynamic system structure of ecological and social systems', Ecology and Society 14 (1): article 15. Available online at http://www. ecologyandsociety.org/vol14/iss1/art15/

[63] Garnett, T. (2000) 'Urban agriculture in London: rethinking our food economy', in H. de Zeeuw, N. Bakker, M. Dubbeling, S. Gundel and U. Sabel–Koschella (eds) Growing Cities, Growing Food. Feldafing, German Foundation for International Development (DSE).

[64] Gidlöf–Gunnarsson, A. and Öhrström, E. (2007) 'Noise and well–being in urban residential environments: the potential role of perceived availability to nearby green areas', Landscape and Urban Planning, 83: 115 - 126.

[65] Gill, S., Handley, J. F., Ennos, A. R. and Pauleit, S. (2007) 'Adapting cities for climate

[66] change: the role of the green infrastructure', Built Environment, 33: 97 - 115.

[67] Gill, S., Goodwin, C., Gowing, R., Lawrence, P., Pearson, J. and Smith, P. (2009) Adapting to Climate Change: Creating Natural Resilience. Technical report. London: Greater London Authority.

[68] Gobster, P. H., Nassauer, J. I., Daniel, T. C. and Fry, G. (2007) 'The shared landscape: what does aesthetics have to do with ecology?' Landscape Ecology, 22: 959 - 972. Graham, H., Mason, R. and Newman, A. (2009) Literature Review: Historic Environment, Sense of Place, and Social Capital. Commissioned for English Heritage. Newcastle: International Centre for Cultural and Heritage Studies (ICCHS), Newcastle University.

[69] Grieve, Y., Sing, L., Ray, D. and Moseley, D. (2006) Forest Habitat Networks Scotland, Broadleaved Woodland Specialist Network for SW Scotland. Roslin, UK:

Ecology Division Forest.

[70] Grinde, B. (2009) 'Can the concept of discords help us find the causes of mental disease?', Medical Hypothesis, 73: 106 - 109.

[71] Grinde, B. and Grindal Patil, G. (2009) 'Biophilia: does visual contact with nature impact on health and well-being?' International Journal of Environmental Research and Public Health, 6: 2332 - 2343.

[72] Gunderson, L. and Holling, C.S.(eds)(2002) Panarchy: Understanding Transformations in Human and Natural Systems. Washington DC: Island Press.

[73] Haines-Young, R. and Potschin, M. (2009) 'The links between biodiversity, ecosystem services and human well-being', in D. Raffaelli and C. Frid (eds) Ecosystem Ecology: A New Synthesis, Cambridge: Cambridge University Press, British Ecological Society Ecological Reviews Series.

[74] Hartig, T., Böök, A., Garvill, J., Olsson, T. and Gärling, T. (1996) 'Environmental influences on psychological restoration', Scandinavian Journal of Psychology, 37: 378 - 393.

[75] Haugan, L., Nyland, R., Fjeldavli, E., Meistad, T. and Braastad, B. O. (2006) 'Green care in Norway: farms as a resource for the educational, health and social sector', in J. Hassink and M. van Dijk (eds) Farming for Health, Dordrecht: Springer.

[76] Hawkins, V. and Selman, P. (2002) 'Landscape scale planning: exploring alternative land use scenarios', Landscape and Urban Planning, 60: 211 - 224.

[77] Hebbert, M. and Webb, B. (2011) 'Towards a liveable urban climate: lessons from Stuttgart', ISOCARP Review, 7: 120 - 137.

[78] Henneberry, J., Rowley, S., Swanwick, C., Wells, F. and Burton, M. (2004) Creating a setting for investment. Report of a scoping study for South Yorkshire Forest Partnership and White Rose Forest. http://www.environment-investment.com/ images/downloads/csi%20scoping%20study%20final%20report%20dec%20

04. pdf (accessed 6 February 2012).

[79] Herrington, S. (2006) ‘Framed again: the picturesque aesthetics of contemporary landscapes’, Landscape Journal, 25: 22 - 37.

[80] Hilty, J. A., Lidicker Jr., W. Z. and Merenlender, A. M. (2006) Corridor Ecology: The Science and Practice of Linking Landscapes for Biodiversity Conservation, Washington: Island Press.

[81] HM Government (2011) The Natural Choice: Securing the Value of Nature (‘The Environment White Paper’). London: The Stationery Office.

[82] Holling, C. S. and Gunderson, L. H. (2002) ‘Resilience and adaptive cycles’, in L. H. Gunderson and C. S. Holling (eds) Panarchy: Understanding Transformations in Human and Natural Systems. Washington DC: Island Press.

[83] Hopkins, J. (2009) ‘Adaptation of biodiversity to climate change: an ecological perspective’, in M. Winter and M. Lobley (eds) What is Land For? The food, fuel and climate change debate, London: Earthscan.

[84] Ingold, T. (1993) ‘The temporality of the landscape’, World Archaeology, 25: 152 - 174. Jenkins, G., Murphy, J., Sexton, D., Lowe, J. Jones, P. and Kilsby, C. (2009) Climate Projections: Briefing Report, Exeter: Meteorological Office Hadley Centre.

[85] Jenkins, K. M. and Boulton. A. J. (2003) ‘Connectivity in a dryland river: short-term aquatic microinvertebrate recruitment following floodplain inundation’, Ecology, 84: 2708 - 2723.

[86] Jiggins, J., van Slobbe, E. and Röling, N. (2007) ‘The organisation of social learning in response to perceptions of crisis in the water sector of The Netherlands’, Environmental Science and Policy, 10: 526 - 536.

[87] Jiven, G. and Larkham, P. J. (2003) ‘Sense of place, authenticity and character: a commentary’, Journal of Urban Design, 8: 67 - 81.

[88] Johnson, J. and Rasker, R. (1995) ‘The role of economic and quality of life values

in rural business location', Journal of Rural Studies, 11: 405 – 416.

[89] Jones, M. (2007) 'The European Landscape Convention and the question of public participation', Landscape Research, 32: 613 – 633.

[90] Jongman, R. H. G. (2002) 'Homogenisation and fragmentation of the European landscape', Landscape and Urban Planning, 58: 211 – 221.

[91] Jongman, R. H. G., Bouwma, I. M., Griffioen, A., Jones–Walters, L. and Van Doorn,

[92] M. (2011) 'The Pan European Ecological Network: PEEN', Landscape Ecology, 26: 311 – 326.

[93] Jongman, R. H. G. and Pungetti, G. (eds) (2004) Ecological Networks and Greenways: Concept, Design, Implementation. Cambridge: Cambridge University Press.

[94] Jorgensen, B. S. and Stedman, R. (2001) 'Sense of place as an attitude: lakeshore property owners' attitudes toward their properties', Journal of Environmental Psychology, 21: 233 – 248.

[95] Jorgensen, B. S. and Stedman, R. C. (2006) 'A comparative analysis of predictors of sense of place dimensions: attachment to, dependence on, and identification with lakeshore properties', Journal of Environmental Management, 79: 316 – 327.

[96] Kabat, P., van Vierssen, W., Veraart, J., Vellinga, P. and Aerts, J. (2006) 'Climate proofing The Netherlands', Nature, 438 (17): 285 – 286.

[97] Kahn, P. H. Jr (1999) The Human Relationship with Nature. Cambridge, MA: MIT Press.

[98] Kahn, P. H. Jr and Kellert, S. R. (eds) (2002) Children and Nature: Psychological, Sociocultural, and Evolutionary Investigations. Cambridge, MA: MIT Press.

[99] Kaltenborn, B. P. and Williams D. R. (2002) 'The meaning of place: attachments to Femundsmarka National Park, Norway, among tourists and locals', Norsk

Geografisk Tidsskrift, 56: 189 - 198.

[100] Kaplan, S. (1992) ‘The restorative environment: nature and human experience’, in D. Relf (ed.) The Role of Horticulture in Human Well-Being and Social Development: A National Symposium, Portland, OR: Timber Press.

[101] Kaplan, R. and Kaplan, S. (1989) The Experience of Nature: A Psychological Perspective. Cambridge: Cambridge University Press.

[102] Keen, M., Brown, V. and Dyball, R. (eds) (2005) Social Learning in Environmental Management: Towards a Sustainable Future. London: Earthscan.

[103] Kellert, S. R. (1993) ‘The biological basis for human values of nature’, in S. R. Kellert and E. O. Wilson (eds) The Biophilia Hypothesis, Washington, DC: Island Press.

[104] Kent Wildlife Trust (on behalf of the Wildlife Trusts in the South East) (2006) A Living

[105] Landscape for the South East: The Ecological Network Approach to Rebuilding Biodiversity for the 21st Century. Maidstone: Kent Wildlife Trust.

[106] Kienast, F., Bolliger, J., Potschin, M., de Groot, R. S., Verburg, P. H., Heller, I., Wascher, D. and Haines-Young, R. (2009) ‘Assessing landscape functions with broad-scale environmental data: insights gained from a prototype development for Europe’, Environmental Management, 44: 1099 - 1120.

[107] Kondolf, G. M., Boulton, A. J., O’Daniel, S., Poole, G. C., Rahel, F. J., Stanley, E. H., Wohl, E., Bång, A., Carlstrom, J., Cristoni, C., Huber, H., Koljonen, S., Louhi, P. and Nakamura, K. (2006) ‘Process-based ecological river restoration: visualizing three-dimensional connectivity and dynamic vectors to recover lost linkages’, Ecology and Society: 11 (2): article 5. Available online at http://www.ecologyandsociety.org/vol11/iss2/art5/

[108] Korpela, K. M. (1989) ‘Place-identity as a product of environmental self-regulation’, Journal of Environmental Psychology, 9: 241 - 256.

[109] Korpela, K. M. (1991) 'Are favourite places restorative environments?' , in J. Urbina- Soria, R. Ortega-Arideane and R. Bechtel (eds) Healthy Environments. Oklahoma City, OK: Environmental Design Research Association.

[110] Korpela, K. and Hartig, T. (1996) 'Restorative qualities of favourite places' , Journal of Environmental Psychology, 16: 221 - 233.

[111] Korpela K. M., Hartig, T., Kaiser, G. F. and Fuhrer, U. (2001) 'Restorative experience and self-regulation in favorite places' , Environment and Behavior, 33: 572 - 589.

[112] K ü lvik, M. and Sepp, K. (2007) 'Ecological network experience from Estonia' , in D. Hill (ed) Making the Connections: A Role for Ecological Networks in Nature Conservation, Proceedings of the 26th Conference of the Institute of Ecology and Environmental Management. Winchester, UK: Institute of Ecology and Environmental Management.

[113] Kuo, F. E. and Sullivan, W. C. (2001) 'Environment and crime in the inner city: does vegetation reduce crime?' , Environment and Behavior, 33: 343 - 365.

[114] Lafortezza, R., Carrus, G., Sanesi, G. and Davies, C. (2009) 'Benefits and well-being perceived by people visiting green spaces in periods of heat stress' , Urban Forestry & Urban Greening, 8: 97 - 108.

[115] Land Use Consultants in association with Carol Trewin and Laura Mason (2006) Exploration of the Relationship between Locality Foods and Landscape Character. Report to the Countryside Agency, London: Land Use Consultants.

[116] Landscape Character Network (2009) European Landscape Convention 1: What does it Mean for Your Organisation? Prepared for Natural England by Land Use Consultants. London: Land Use Consultants.

[117] Landscape Institute (2009) Green Infrastructure: Connected and Multifunctional Landscapes. London: Landscape Institute.

[118] Latimer, W. and Hill, D. (2008) 'Mitigation banking: securing no net loss for

biodiversity?' In Practice (journal of the Institute of Ecology and Environmental Management), 62: 4 - 6.

[119] Lawton, J. H., Brotherton, P. N. M., Brown, V. K., Elphick, C., Fitter, A. H., Forshaw, J., Haddow, R. W., Hilborne, S., Leafe, R. N., Mace, G. M., Southgate, M. P., Sutherland, W. A., Tew, T. E., Varley, J. and Wynne, G. R. (2010) Making Space for Nature: A Review of England' s Wildlife Sites and Ecological Network. Report to the Department for Environment Food and Rural Affairs. London: Defra.

[120] Le Dû–Blayo, L. (2011) 'How do we accommodate new land uses in traditional landscapes? Remanence of landscapes, resilience of areas, resistance of people' , Landscape Research, 103: 417 - 434.

[121] Lewicka, M. (2005) 'Ways to make people active: the role of place attachment, cultural capital, and neighbourhood ties' , Journal of Environmental Psychology, 25: 381 - 395.

[122] Livingston, M., Bailey, N. and Kearns, A. (2008) People' s Attachment to Place - The Influence of Neighbourhood Deprivation. Report to the Joseph Rowntree Foundation. London: Chartered Institute of Housing.

[123] London Climate Change Project (2009) Adapting to Climate Change: Creating Natural Resilience. London: Greater London Council.

[124] Louv, R. (2005) The Last Child in the Woods: Saving Our Children from Nature–deficit Disorder. Chapel Hill, NC: Algonquin Books.

[125] Lovell, S. T. (2010) 'Multifunctional urban agriculture for sustainable land use planning in the United States' , Sustainability, 2: 2499 - 2522.

[126] Lovell, S. T. and Johnston, D. M. (2009) 'Designing landscape for performance based on emerging principles in landscape ecology' , Ecology and Society, 14 (1): article 44. Available online at http://www.ecologyandsociety.org/vol14/iss1/art44/

[127] Maas, J., Spreeuwenberg, P., Van Winsum–Westra, M., Verheij, R. A., de Vries, S. and Groenewegen, P. (2009) 'Is green space in the living environment associated

with people' s feelings of social safety?' , Environment and Planning A, 41: 1763 - 1777. Mandler, J. M. (1984) Stories, Scripts and Scenes: Aspects of Schema Theory. Hillsdale, NJ: Laurence Earlbaum Associates.

[128] Manzo, L. C. and Perkins, D. D. (2006) 'Finding common ground: the importance of place attachment to community participation and planning' , Journal of Planning Literature, 20: 335 - 350.

[129] Massey, D. B. (2005) For Space. London: Sage.

[130] Matarrita-Cascante, D., Stedman, R. and Luloff, A. E. (2010) 'Permanent and seasonal residents' community attachment in natural amenity-rich areas: exploring the contribution of landscape-related factors' , Environment and Behavior, 42: 197 - 220.

[131] McFadden, L. (2010) 'Exploring systems interactions for building resilience within coastal environments and communities' , Environmental Hazards, 9: 1 - 18.

[132] Melby, P. and Cathcart, T. (2002) Regenerative Design Techniques: Practical Applications in Landscape Design. New York: Wiley.

[133] Mels, T. (2005) 'Between "platial" imaginations and spatial rationalities: navigating justice and law in the low countries,' Landscape Research, 30: 321 - 335.

[134] Mezirow, J. (1997) 'Transformative learning: theory to practice' , New Directions for Adult and Continuing Education, 74: 5 - 12.

[135] Milbrath, L. W. (1989) Envisioning a Sustainable Society: Learning Our Way Out. Albany NY: State University of New York Press.

[136] Millennium Ecosystem Assessment (2005) Ecosystems and Human Well-being: Synthesis. Washington, DC: Island Press.

[137] Miller, J. R. (2005) 'Biodiversity conservation and the extinction of experience' , TRENDS in Ecology and Evolution, 20: 430 - 434.

[138] Milligan, C. and Bingley, A. (2007) 'Therapeutic places or scary spaces? The

impact of woodland on the mental well-being of young adults', Health and Place, 13: 799 - 811.

[139] Mitchell, R. and Popham, F. (2009) 'Effect of exposure to natural environment on health inequalities: an observational population study', Lancet, 372: 1655 - 1660. Morris, J. and Urry, J. (2006) Growing Places: A Study of Social Change in The National Forest. Farnham, UK: Forest Research.

[140] Morris, N. (2003) Health, Well-Being and Open Space: Literature Review. Edinburgh: OPENspace (Edinburgh College of Art).

[141] Mougeot, L. J. A. (2006) Urban Agriculture for Sustainable Development. Ottawa: International Development Research Centre.

[142] Muro, M. and Jeffrey, P. (2008) 'A critical review of the theory and application of social learning in participatory natural resource management processes', Journal of Environmental Planning and Management, 51: 325 - 344.

[143] Nanzer, B. (2004) 'Measuring sense of place: a scale for Michigan', Administrative Theory and Praxis, 26: 362 - 382.

[144] Nassauer, J. I. (1997) 'Cultural sustainability: aligning aesthetics and ecology', in J. I. Nassauer (ed.) Placing Nature: Culture and Landscape Ecology, Washington, DC: Island Press.

[145] Natural England (2009a) Experiencing Landscapes: Capturing the 'Cultural Services' and 'Experiential Qualities' of Landscape. Cheltenham: Natural England.

[146] Natural England (2009b) Green Growth for Green Communities. A selection of regional case studies. ParkCity Conference 2009, Cheltenham: Natural England. Natural England (2009c) Green Infrastructure Guidance. Cheltenham: Natural England.

[147] Natural England (2009d) Global Drivers of Change to 2060. Commissioned report NECR030. Cheltenham: Natural England.

[148] Natural England (2010) Natural England' s Position on 'All Landscapes Matter' . Position statement. Cheltenham: Natural England.

[149] Natural England (2011) Natural England's Integrated Landscape Project (LIANE). Sheffield: Natural England.

[150] Newton, J. (2007) Wellbeing and the Natural Environment: A Brief Overview of the Evidence. Bath: University of Bath.

[151] Nicholls, S. and Crompton, J. L. (2005) 'The impact of greenways on property values: evidence from Austin, Texas' , Journal of Leisure Research, 37: 321 - 341.

[152] Nogue, J. (2006) 'The Spanish experience: landscape catalogues and landscape guidelines of Catalonia' , in Council of Europe, Landscape Quality Objectives: From Theory to Practice. Fifth meeting of the Workshops of the Council of Europe for the implementation of the European Landscape Convention, Strasbourg: Council of Europe.

[153] Norberg-Schulz, C. (1980) Genius Loci, Towards a Phenomenology of Architecture.

[154] New York: Rizzoli.

[155] North West Climate Change Partnership (2011) Green Infrastructure to Combat Climate Change: A Framework for Action in Cheshire, Cumbria, Greater Manchester, Lancashire, and Merseyside. Prepared by Community Forests Northwest for the Northwest Climate Change Partnership, Warrington: Mersey Forest and others.

[156] North West Green Infrastructure Think Tank (2009) North West Green Infrastructure Guide, version 1.1. Warrington: Mersey Forest and others.

[157] North West Green Infrastructure Unit (2009) Green Infrastructure Solutions to Pinch Point Issues in North West England: How Can Green Infrastructure Enable Sustainable Development? Warrington: Mersey Forest and others.

[158] O'Connell, P. E., Beven, K. J., Carney, J. N., Clements, R. O., Ewen, J., Fowler, H., Harris, G. L., Hollis, J., Morris, J., O' Donnell, G. M., Packman, J. C., Parkin, A., Quinn, P. F., Rose, S. C., Shepherd, M. and Tellier, S. (2004) Review of Impacts of Rural Land Use And Management on Flood Generation - Impact Study Report. Joint Defra/EA Flood and Coastal Erosion Risk Management R&D Programme, R&D Technical Report FD2114/TR. Defra: London.

[159] Olwig, K. (1996) 'Recovering the substantive nature of landscape', Annals of the Association of American Geographers, 86: 630 - 653.

[160] Olwig, K. (2008) 'Performing on the landscape versus doing landscape: perambulatory practice, sight and the sense of belonging', in T. Ingold and J. L. Vergunst (eds) Ways of Walking: Ethnography and Practice on Foot, Aldershot, UK: Ashgate Publishing.

[161] Organisation for Economic Co-operation and Development (OECD) (eds) (1993) OECD Core Set of Indicators for Environmental Performance Reviews. Environment Monographs 83. Paris: OECD.

[162] Parliamentary Office of Science and Technology (2011) Landscapes of the Future.

[163] POSTNOTE 380. London: POST.

[164] Pauleit, S., Slinn, P., Handley, J. and Lindley, S. (2003) 'Promoting the natural greenstructure of towns and cities: English Nature' s Accessible Natural Greenspace Standards Model', Built Environment, 29: 157 - 170.

[165] Pellizzoni, L. (2001) 'The myth of the best argument: power, deliberation and reason', British Journal of Sociology, 52: 59 - 86.

[166] Petts, J. (2001) Urban Agriculture in London. Copenhagen: World Health Organization Regional Office for Europe.

[167] Petts, J. (2006) 'Managing public engagement to optimize learning: reflections from urban river restoration', Human Ecology Review, 13: 172 - 181.

[168] Pigram, J. (1993) 'Human-nature relationships: leisure environments and natural

settings', in T. Garling and R. Golledge (eds) Behaviour and Environment: Psychological and Geographical Approaches, Amsterdam: Elsevier Science Publishers.

[169] Proshansky, H. M., Fabian, A. K. and Kaminoff, R. (1983) 'Place-identity: physical world socialization of the self', Journal of Environmental Psychology, 3: 57 - 83.

[170] Putnam, R. D. (2000) Bowling Alone: The Collapse and Revival of American Community. New York: Simon and Schuster.

[171] Pyle, R. M. (1978) 'The extinction of experience', Horticulture, 56: 64 - 67.

[172] Ramos, I. L. (2010) 'Exploratory landscape scenarios in the formulation of landscape quality objectives', Futures, 42: 682 - 692.

[173] Ravenscroft, N. and Taylor, B. (2009) 'Public engagement in the new productivism', in M. Winter and M. Lobley (eds) What is Land For? The food, fuel and climate change debate. London: Earthscan.

[174] Ray, D. and Moseley, D. (2007) A Forest Habitat Network for Edinburgh and the Lothians: The Contribution of Woodlands to Promote Sustainable Development Within the Regional Structure Plan. Roslin, Midlothian: Forest Research.

[175] Read, D. J., Freer-Smith, P. H., Morison, J. I. L., Hanley, N., West, C. C. and Snowdon, P. (eds) (2009) Combating Climate Change - A Role for UK Forests. An assessment of the potential of the UK's trees and woodlands to mitigate and adapt to climate change. Edinburgh: The Stationery Office.

[176] Redman, C. L. and Kinzig, A. P. (2003) 'Resilience of past landscapes: resilience theory, society, and the longue durée', Ecology and Society, 7 (1): article 14. Available online at http://www.ecologyandsociety.org/vol7/iss1/art14/

[177] Relph, E. (1976) Place and Placelessness. London: Pion.

[178] Relph, E. (1981) Rational Landscapes and Humanistic Geography. London: Croom. Roe, J. and Aspinall, P. (2011) 'The emotional affordances of forest settings: an

investigation in boys with extreme behavioural problems’ , Landscape Research, 36: 535 - 552.

[179] Rosenzweig, M. (2003) ‘Reconciliation ecology and the future of species diversity’ , Oryx, 37: 194 - 205.

[180] Rowley, S., Henneberry, J. and Stafford, T. (2008) Research Action 4.1 - Land Values, CSI research action 4.1 Final technical report. http://www.environment-investment.com/images/downloads/research_action_4.1_uk.pdf (accessed 6 February 2012).

[181] Ryan, R. M. and Deci, E. L. (2000) ‘Self-determination theory and the facilitation of intrinsic motivation, social development, and well-being’ , American Psychologist, 55: 68 - 78.

[182] Scheffer, M., Carpenter, S., Foley, J. A., Folke, C. and Walker, B. (2001) ‘Catastrophic shifts in ecosystems’ , Nature, 413: 591 - 596.

[183] Schneeberger, N., B ü rgi, M., Hersperger, A. and Ewald, K. (2007) ‘Driving forces and rates of landscape change as a promising combination for landscape change research - an application on the northern fringe of the Swiss Alps’ , Land Use Policy, 24: 349 - 361.

[184] Schusler, T. M., Decker, D. J. and Pfeffer, M. J. (2003) ‘Social learning for collaborative natural resource management’ , Society and Natural Resources, 15: 309 - 326.

[185] Scott, A., Christie, M. and Tench, H. (2003) ‘Visitor payback: panacea or Pandora’ s box for conservation in the UK?’ , Journal of Environmental Planning and Management, 46: 583 - 604.

[186] Selman, P. (2006) Planning at the Landscape Scale. London: Routledge.

[187] Selman, P. (2007) ‘Sustainability at the national and regional scales’ , in J. Benson and M. Roe (eds) Landscape and Sustainability, 2nd edition. London: Routledge. Selman, P. (2008) ‘What do we mean by sustainable landscape?’ ,

Sustainability:

[188] Science, Practice, & Policy, 4 (2). Available online at http://sspp.proquest.com/archives/vol4iss2/communityessay.selman.html

[189] Selman, P. (2009) 'Planning for landscape multifunctionality', Sustainability: Science, Practice, & Policy, 5 (2). Available online at http://sspp.proquest.com/archives/ vol5iss2/communityessay.pselman.html

[190] Selman, P. (2010a) 'Learning to love the landscapes of carbon–neutrality', Landscape Research, 35: 157 - 171.

[191] Selman, P. (2010b) 'Landscape planning - preservation, conservation and sustainable development', Town Planning Review, 81: 382 - 406.

[192] Selman, P. (2012) 'Landscapes as integrating frameworks for human, environmental and policy processes', in T. Plieninger and C. Bieling (eds) Resilience and the Cultural Landscape: Understanding and Managing Change in Human–Shaped Environments, Cambridge: Cambridge University Press.

[193] Selman, P. and Knight, M. (2006) 'On the nature of virtuous change in cultural landscapes: exploring sustainability through qualitative models', Landscape Research, 31: 295 - 308.

[194] Selman, P., Carter, C., Lawrence, A. and Morgan, C. (2010) 'Re–connecting with a neglected river through imaginative engagement', Ecology and Society, 15 (3): article 18. Available online at http://www.ecologyandsociety.org/vol15/iss3/art18/ Shamai, S. and Kellerman, A. (1985) 'Conceptual and experimental aspects of regional awareness: an Israeli case study', Tijdschrift voor Economische en Sociale Geografie, 76: 88 - 99.

[195] Shamai, S. and Ilatov, Z. (2005) 'Measuring sense of place: methodological aspects', Tijdschrift voor Economicshe en Sociale Geographie, 96: 467 - 476.

[196] Smith J. W., Davenport, M. A., Anderson, D. H. and Leahy, J. E. (2011) 'Place meanings and desired management outcomes', Landscape and Urban Planning,

101: 359 - 370.

[197] Smith, M., Moseley, D., Chetcuti, J. and de Ioanni, M. (2008) Glasgow and Clyde Valley Integrated Habitat Networks. Report to Glasgow and Clyde Valley Green Network Partnership. Edinburgh: Forestry Commission.

[198] Stedman, R. C. (2002) 'Towards a social psychology of place: predicting behavior from place-based cognitions, attitude, and identity', Environment and Behavior, 34: 561 - 581.

[199] Stedman, R. C. (2003) 'Is it really just a social construction: the contribution of the physical environment to sense of place', Society and Natural Resources, 16: 671 - 685.

[200] Stephenson, J. (2007) 'The cultural values model: an integrated approach to values in landscapes', Landscape and Urban Planning, 84: 127 - 139.

[201] Taylor, J. J., Brown, D. G. and Larsen, L. (2007) 'Preserving natural features: a GIS- based evaluation of a local open-space ordinance', Landscape and Urban Planning, 82: 1 - 16.

[202] Termorshuizen, J. W. and Opdam, P. (2009) 'Landscape services as a bridge between landscape ecology and sustainable development', Landscape Ecology, 24: 1037 - 1052.

[203] Thomas, C. D., Cameron, A., Green, R. E., Bakkenes, M., Beaumont, L. J., Collingham, Y. C., Erasmus, B. F. N., Ferreira de Siqueira, M., Grainger, A., Hannah, L., Hughes, L., Huntley, B., van Jaarsveld, A. S., Midgley, G. F., Miles, L., Ortega-Huerta, M. A., Peterson, A. T., Phillips, O. L. and Williams, S.E. (2004) 'Extinction risk from climate change', Nature, 427: 145 - 148.

[204] Tippett, J. (2004) 'Think like an ecosystem - embedding a living system paradigm into participatory planning', Systemic Practice and Action Research, 17: 603 - 622. Town and Country Planning Association (2004) Biodiversity by Design: A Guide for Sustainable Communities. London: TCPA.

[205] Trumper, K., Bertzky, M., Dickson, B., van der Heijden, G., Jenkins, M. and Manning, P. (2009) The Natural Fix? The role of ecosystems in climate mitigation. A UNEP rapid response assessment. Cambridge, UK: United Nations Environment Programme, UNEPWCMC.

[206] Trust for Public Land (2008) How Much Value Does the City of Philadelphia Receive from its Park and Recreation System? A report by the Trust for Public Land' s Center for City Park Excellence, San Francisco, CA: Trust for Public Land.

[207] Tuan, Y.–F. (1977) Space and Place: The Perspective of Experience. Minneapolis, MN: University of Minnesota Press.

[208] Turner, T. (1995) 'Greenways, blueways, skyways and other ways to a better London' , Landscape and Urban Planning, 33: 269 - 282.

[209] Turner, T. (2006) 'Greenway planning in Britain: recent work and future plans' , Landscape and Urban Planning, 76: 240 - 251.

[210] Twigger–Ross, C. L. and Uzzell D. I. (1996) 'Place and identity processes' , Journal of Environmental Psychology, 16: 205 - 220.

[211] Tzoulas,K., Korpela, K., Venn, S., Yli–Pelkonen, V., Kazmierczak, A., Niemela, J. and James, P. (2007) 'Promoting ecosystem and human health in urban areas using green infrastructure: a literature review' , Landscape and Urban Planning, 81: 167 - 178.

[212] Ulrich, R. S. (1981) 'Natural versus urban scenes: some psychophysiological effects' , Environment and Behavior, 13: 523 - 556.

[213] Ulrich, R. S. (1983) 'Aesthetic and affective response to natural environment', in I. Altman and J. F. Wohlwill (eds) Human Behaviour and Environment: Advances in Theory and Research. Volume 6: Behaviour and the Natural Environment. New York: Plenum Press.

[214] Ulrich, R. S. (1984) 'View through window may influence recovery from

surgery', Science, 224: 420 - 421.

[215] Ulrich, R. S. (1992) 'Influences of passive experiences with plants on individual wellbeing and health', in D. Relf (ed) The Role of Horticulture in Human Well-Being and Social Development: A National Symposium. Portland, OR: Timber Press.

[216] Ulrich, R. S. (1999) 'Effects of gardens on health outcomes: theory and research', in C. Cooper-Marcus and M. Barnes (eds) Healing Gardens: Therapeutic Benefits and Design Recommendations. New York: John Wiley.

[217] Valett, H. M., Fisher, S. G., Grimm, N. B. and Camill, P. (1994) 'Vertical hydrologic exchange and ecological stability of a desert stream ecosystem', Ecology, 75: 548 - 560.

[218] van den Born, R. J. G., Lenders, R. H. J., De Groot, W. T. and Huijsman, E. (2001) 'The new biophilia: an exploration of visions of nature in Western countries', Environmental Conservation, 28: 65 - 75.

[219] Velarde, M. D., Fry, G. and Tveit, M. (2007) 'Health effects of viewing landscapes - landscape types in environmental psychology', Urban Forestry and Urban Greening, 6: 199 - 212.

[220] Viljoen, A., Bohn, K. and Howe, J. (eds) (2005) Continuous Productive Urban Landscapes. Designing urban agriculture for sustainable cities. London: Architectural Press.

[221] Vuorinen, R. (1990) 'Persoonallisuus ja minuus [Personality and self]', Journal of Environmental Psychology, 11, 201 - 230.

[222] Waldheim, C. (2006) (ed.) The Landscape Urbanism Reader. New York: Princeton Architectural Press.

[223] Walker, B. and Salt, D. (2006) Resilience Thinking: Sustaining Ecosystems and People in a Changing World. Washington, DC: Island Press.

[224] Walker, B., Carpenter, S., Anderies, J., Abel, N., Cumming, G., Janssen, M.,

Lebel, L., Norberg, J., Peterson, G. D. and Pritchard, R. (2002) 'Resilience management in social - ecological systems: a working hypothesis for a participatory approach', Ecology and Society, 6 (1): article 14. Available online at http://www.ecologyandsociety.org/vol6/iss1/art14/.

[225] Walker, B., Holling, C. S., Carpenter, S. R. and Kinzig, A. (2004) 'Resilience, adaptability and transformability in social - ecological systems', Ecology and Society, 9 (2): article 5. Available online at http://www.ecologyandsociety.org/vol9/iss2/

[226] Ward Thompson, C. (2011) 'Linking landscape and health: the recurring theme', Landscape and Urban Planning, 99: 187 - 195.

[227] Warnock, S. and Brown, N. (1998) 'A vision for the countryside', Landscape Design, 269: 22 - 26.

[228] Watts, K., Humphrey, J., Griffiths, M., Quine, C., and Ray, D. (2005) Evaluating Biodiversity in Fragmented Landscapes: Principles, Information Note 73. Edinburgh: Forestry Commission.

[229] Weick, K. E. (1995) Sensemaking in Organisations. Thousand Oaks, CA: Sage Publications Inc.

[230] Wheater, H. and Evans, E. (2009) 'Land use, water management and future flood risk', Land Use Policy, 26S: S251 - S264.

[231] The Wildlife Trusts (2007) A Living Landscape for the South East. The ecological network approach to rebuilding biodiversity for the 21st century. Maidstone: Kent Wildlife Trust.

[232] The Wildlife Trusts (2009) A Living Landscape: A Call to Restore the UK's Battered Ecosystems, for Wildlife and People. Newark, UK: The Wildlife Trusts.

[233] Willemen, L., Hein, L., van Mensvoort, M. E. F. and Verburg, P. H. (2010) 'Space for people, plants, and livestock? Quantifying interactions among multiple landscape functions in a Dutch rural region', Ecological Indicators, 19: 62 - 73.

[234] Williams, K., Joynt, J. L. R. and Hopkins, D. (2010) 'Adapting to climate change in the compact city: the suburban challenge', Built Environment, 36: 105 - 115.

[235] Wilson, E. O. (1984) Biophilia. Cambridge, MA: Harvard University Press.

[236] Winn, J., Tierney, M., Heathwaite, L., Jones, L., Paterson, J., Simpson, L., Thompson, and Turley, C. (2011) 'The drivers of change in UK ecosystems and ecosystem services', in The UK National Ecosystem Assessment Technical Report. UK National Ecosystem Assessment, Cambridge, UK: UNEP–WCMC.

[237] Wohl, E. (2004) Disconnected Rivers: Linking Rivers to Landscapes. New Haven, CT: Yale University Press.

[238] Wood, J. D., Richardson, R. I., Scollan, N. D., Hopkins, A., Dunn, R., Buller, H. and Whittington, F. M. (2007) 'Quality of meat from biodiverse grassland', in J. J. Hopkins, A. J. Duncan, D. I. McCracken, S. Peel and J. R. B. Tallowin (eds) High Value Grassland. Cirencester, UK: British Grassland Society.

[239] Woodroffe, C. D. (2007) 'The natural resilience of coastal systems: primary concepts', in L. McFadden, E. Penning–Rowsell and R. J. Nicholls (eds) Managing Coastal Vulnerability. Amsterdam: Elsevier.

[240] Wylie, J. W. (2007) Landscape. Abingdon, UK: Routledge.

图书在版编目（CIP）数据

可持续景观规划：重新连接的景观 / (英) 保罗·塞尔曼（Paul Selman）著；邵钰涵，薛贞颖译 . -- 上海：同济大学出版社，2022.8

（景观理论译丛 / 邵钰涵主编；1）

书名原文：Sustainable Landscape Planning:The Reconnection Agenda

ISBN 978-7-5765-0337-1

Ⅰ. ①可… Ⅱ. ①保… ②邵… ③薛… Ⅲ. ①景观规划 Ⅳ. ① TU983

中国版本图书馆 CIP 数据核字（2022）第 150477 号

可持续景观规划：重新连接的景观

Sustainable Landscape Planning: The Reconnection Agenda

[英] 保罗·塞尔曼（Paul Selman） **著** 邵钰涵 薛贞颖 **译**

策划编辑：孙 彬 责任编辑：孙 彬
责任校对：徐春莲 封面设计：完 颖
版式设计：朱丹天

出版发行：同济大学出版社
地 址：上海市杨浦区四平路 1239 号
电 话：021-65985622
邮政编码：200092
网 址：www.tongjipress.com.cn
经 销：全国各地新华书店
印 刷：常熟市华顺印刷有限公司
开 本：710mm × 1000mm 1/16
印 张：11.25
字 数：225 000
版 次：2022 年 8 月第 1 版
印 次：2022 年 8 月第 1 次印刷
书 号：ISBN 978-7-5765-0337-1
定 价：78.00 元